AI
训练师手册

数据标注＋分析整理＋算法优化＋模型训练

杨霁琳◎著

U0313964

化学工业出版社

·北京·

内 容 简 介

想要成为AI训练师，掌握AI模型训练的核心技能，需要了解哪些关键要素？如何有效地进行数据标注和预处理？怎样选择合适的AI算法和模型架构？又如何进行模型的训练、调优和评估？本书为以上问题提供了一站式的解决方案。作者结合丰富的实战经验，系统讲解了AI训练师的核心工作内容和技能需求，并通过深入剖析和详细讲解，让读者能够全面了解并掌握AI训练的关键知识点。

除了理论知识，本书还提供了丰富的实战资源，包括160分钟的教学视频、120页的PPT教学课件、70多个素材效果文件，以及40多组AI提示词，旨在帮助读者在实践中快速提升技能。书中还特别介绍了百度文心大模型训练平台的使用技巧，以及Stable Diffusion AI绘画模型和ChatGPT AI文案模型的训练实战，为读者提供了宝贵的操作步骤和技巧。

本书不仅适合人工智能训练师、数据标注人员、人工智能研究员、数据工程师、AI产品经理等从业者，也适合所有对AI技术充满热情的读者。无论是希望提升技能水平，还是希望在职场中获得更好的发展，本书都将提供宝贵的参考和指导。

图书在版编目（CIP）数据

AI训练师手册 ：数据标注+分析整理+算法优化+模型
训练 / 杨霁琳著. -- 北京 ： 化学工业出版社，2024.
10. -- ISBN 978-7-122-46230-5

Ⅰ．TP18-62

中国国家版本馆CIP数据核字第2024M3K024号

责任编辑：张素芳　李　辰　　　　　　封面设计：异一设计
责任校对：田睿涵　　　　　　　　　　装帧设计：盟诺文化

出版发行：化学工业出版社（北京市东城区青年湖南街13号　邮政编码100011）
印　　装：北京云浩印刷有限责任公司
710mm×1000mm　1/16　印张13$\frac{1}{2}$　字数274千字　2025年5月北京第1版第1次印刷

购书咨询：010-64518888　　　　　　　售后服务：010-64518899
网　　址：http://www.cip.com.cn
凡购买本书，如有缺损质量问题，本社销售中心负责调换。

定　　价：68.00元　　　　　　　　　　　　版权所有　违者必究

◎ 写作驱动

在科技飞速发展的今天，人工智能已经成为推动社会进步的重要力量。作为AI技术的重要组成部分，AI训练师的角色愈发凸显出其不可或缺的地位。

2020年2月25日，人力资源和社会保障部与国家市场监督管理总局、国家统计局联合公布了16个新职业，其中人工智能训练师（Artificial Intelligence Trainer）被正式认定为新职业，并被纳入国家职业分类目录。

2021年12月，人力资源和社会保障部颁布了人工智能训练师的国家职业技能标准，为行业内的职业培训和人才技能评估提供了基本依据。

2023年10月，国家市场监督管理总局认证认可技术研究中心发布了《市场监管总局认研中心关于开展第5次"人员能力验证日"有关工作安排的通知》，正式启动了面向全社会的人员能力验证工作，其中就包括人工智能训练师的能力验证。

随着AI技术的广泛应用，AI训练师的需求呈现出爆发式增长。无论是智能语音、图像识别、自然语言处理还是自动驾驶等领域，都离不开高质量的AI训练数据。因此，掌握AI训练技能的人才在市场中具有极高的竞争力。

正是基于这样的市场需求，本书应运而生，旨在为广大读者提供一本全面、系统、实用的AI训练师指南。本书紧密结合市场需求，从理论到实践，全面解析AI训练师的核心知识和技能，帮助读者迅速成长为市场紧缺的AI人才。

◎ 本书特色

本书共分为9章，从认识人工智能训练师开始，逐步深入掌握数据标注的基础、工具与方法，以及数据整理与预处理技巧；接着本书将引导读者了解AI算法的优化与调整、AI模型的训练与调优，帮助读者掌握AI训练的核心技术；此外，本书还介绍了百度文心大模型训练平台的操作技巧，以及Stable Diffusion AI绘画模型训练和ChatGPT AI文案模型训练的实战案例，让读者在实际操作中提升技能水平。

本书主要特色如下。

（1）内容全面：本书涵盖了AI训练师所需掌握的各个方面知识和技能，从基础知识到实践技能，一应俱全。

（2）实战性强：本书注重实际操作，通过丰富的实战案例和课后习题，让读者在实践中掌握技能，提升能力。

（3）图文结合：本书结合文字、图片和表格，让读者对AI训练技能一目了然，让学习变得更加轻松有趣。

总之，本书旨在帮助读者全面了解AI训练师的职业特点和技能要求，掌握AI训练的核心技术，并能够在实际工作中灵活运用所学知识，提升AI训练师的职业素养和能力水平。让我们一起携手，共同迎接AI时代的挑战与机遇！

◎ 温馨提示

（1）版本更新：在编写本书时，是基于当前各种AI工具和网页平台的界面截取的实际操作图片，但本书从编辑到出版需要一段时间，这些工具的功能和界面可能会有变动，请在阅读时，根据书中的思路举一反三，进行学习。其中，VIA的版本为2.0.12和3.0.12，SD-Trainer的版本为v1.4.1，Stable Diffusion的版本为1.6.1和1.8.0。

（2）提示词：也称为提示、文本描述（或描述）、文本指令（或指令）、关键词等。需要注意的是，即使是相同的提示词，各种AI模型每次生成的文本、图像、视频等内容也会有差别，这是模型基于算法与算力得出的新结果，是正常的，所以大家看到书里的截图与视频有区别，包括大家用同样的提示词，自己再生成内容时，出来的效果也会有差异。

◎ 资源获取

如果读者需要获取书中案例的素材、效果、视频和其他资源，请使用微信"扫一扫"功能按需扫描下列对应的二维码即可。

QQ读者群　　　　　视频样例　　　　　素材效果样例

◎ 作者服务

本书由杨霁琳著，参与编写的人员还有苏高、胡杨等人，在此表示感谢。由于编者知识水平有限，书中难免有疏漏之处，恳请广大读者批评、指正，沟通和交流请联系微信：2633228153。

目录

C O N T E N T S

第1章 认识人工智能训练师

在这个数字化和智能化日益发展的时代，人工智能（Artificial Intelligence，AI）已经成为人们生活中不可或缺的一部分。然而，要使AI能够高效、准确地服务于人类，就需要一群专业的人士来设计、开发和优化AI，这就是人工智能（AI）训练师的职责所在。本章将带大家认识AI训练师，以及了解成为一名优秀的AI训练师所需的技能和素质。

1.1 什么是人工智能训练

人工智能是一种利用计算机系统、软件和算法来模拟人类智能的技术，通过让机器学习和处理大量数据，人工智能使机器具备了类似人类的推理、判断和决策能力。人工智能涉及多个学科领域，包括计算机科学、心理学、哲学和神经科学等。

在智能化时代，人工智能正逐渐成为推动各行业变革的核心驱动力。在这场技术革新的浪潮中，人工智能训练师（即AI训练师）扮演着关键角色。AI训练师可以帮助企业和组织深入理解AI的实际应用价值，推动AI技术在更多领域落地。通过不断实践，AI训练师能够收集AI应用的真实反馈，为AI算法的优化、性能的提升和产品的改善提供有价值的信息。

总之，AI训练师的出现，可以说是人工智能发展历程中一道独特的风景线，他们不仅仅是AI技术的实践者或AI应用的推动者，更是赋予人工智能"人性之魂"的艺术家。本节将从不同角度介绍人工智能训练的基本概念，帮助大家更好地认识AI训练师。

1.1.1 AI训练注重数据分析和算法优化

随着AI技术的不断进步，人工智能训练师正逐渐成为人们生活和工作中的常见角色，他们利用数据和算法来塑造机器的智能，为AI模型赋予复杂的功能。也就是说，AI训练十分注重数据分析和算法优化，相关分析如下。

扫码看视频

❶ 数据的重要性：AI训练师的工作始于数据的收集和处理，这些数据的质量和多样性直接影响模型的表现，因此AI训练师必须对数据有深刻的理解和处理能力。

❷ 算法的作用：算法是AI智能形成的核心，AI训练师需要根据应用需求选择适当的机器学习或深度学习算法，通过不断训练和优化来提升AI模型的性能。

例如，在电子邮件服务中，算法可以被用来识别和过滤垃圾邮件。通过分析邮件内容的特定模式和用户的行为反馈，算法能够学习什么样的邮件是垃圾邮件，并将其自动分类到相应的文件夹中。

图1-1所示为QQ邮箱中的"垃圾箱"，这就是一个应用了分类算法的实际案例。这个功能可以自动识别和过滤那些看起来像是垃圾邮件的邮件，将它们自动移动到"垃圾箱"文件夹中，从而帮助用户避免不必要的干扰。

算法通过分析邮件的特征，如发件人、主题、内容中的关键词，以及用户以往的处理行为，来学习和判断一封邮件是否为垃圾邮件。此外，为了提高用户体验，算法还可以通过对用户的行为习惯进行优化，根据用户对邮件的处理反馈（例如，标记某封邮件为非垃圾邮件）不断学习和调整，以提高识别的准确性。

图 1-1　QQ 邮箱中的"垃圾箱"

除了对数据和算法的掌握，AI训练师还需要了解机器学习的基本原理，熟练使用编程语言和工具，如Python和TensorFlow等，并具备一定的AI领域知识。总之，AI训练师的工作充满挑战，但其对科技进步的贡献巨大，他们通过精心的数据分析和算法优化，使AI更好地服务于人类，开启新的可能性。

1.1.2　AI训练致力于提高系统的智能化水平

AI训练是提升机器智能化水平的核心过程，它利用机器学习和深度学习算法，使机器能够从海量数据中学习到规律和模式，从而实现自我优化和性能提升。这一过程模仿了人类通过经验学习的方式，通

扫码看视频

过不断地实践、犯错和修正，机器逐渐"学会"如何更有效地完成任务。

在图像识别领域，AI训练可以通过大量带有标签的图像数据，教会机器识别和分类不同的对象、场景和活动。通过深度神经网络的多层抽象，机器能够捕捉到复杂的视觉特征，显著提高识别的准确率和处理速度，这使得AI在医疗影像分析、安全监控和自动驾驶等领域发挥着重要作用。

例如，英伟达推出的Drive平台就是一个为自动驾驶汽车设计的计算平台，它利用AI训练来提高车辆的感知能力和决策制定，该平台支持的功能包括交通标

志识别、行人检测和复杂驾驶情景下的路径规划，其功能演示如图1-2所示。

图 1-2　英伟达 Drive 平台的功能演示

在语音识别领域，AI训练通过分析各种语音样本，包括不同的口音、语速和背景噪声，使AI系统能够更准确地转录人类语音为文本。这种训练不仅提高了AI识别的准确度，还增强了AI系统的鲁棒性，使其能够在多变的环境中稳定工作，这对智能助手、自动翻译和客户服务系统等应用来说是至关重要的。

此外，AI训练还可以应用于自然语言处理、推荐系统、游戏、机器人技术等多个领域，不断提升系统的智能化水平。通过持续的学习和适应，AI系统能够更好地理解和预测用户需求，提供更加个性化和高效的服务。随着技术的进步，AI训练将继续推动人工智能的发展，为人类社会带来更多的便利和创新。

1.1.3　AI训练注重模型的优化和创新

AI训练的核心在于对模型的持续优化和创新，这一过程依赖大量数据的积累和智能分析。AI训练师通过不断的实践和数据收集，对模型进行细致的调整和改进，以提高其准确性和适应性。随着新数据

扫码看视频

的不断输入，模型得以学习和适应新的模式和变化，从而更好地服务于用户需求。

通过对新数据的深入分析，AI系统能够识别出模型在特定场景下的表现，并据此调整参数，使模型更加精准地反映现实世界的复杂性。这种动态的学习和调整机制，使得AI模型能够随着时间的推移而进化，不断提升其性能和智能水平。

下面仍然以自动驾驶汽车的AI训练为例，展示一个典型的模型优化和创新的

过程。例如，谷歌Waymo的自动驾驶系统需要处理大量的传感器数据，包括摄像头、雷达和激光雷达（LiDAR）等。这些传感器收集的数据被用来训练AI模型，使其能够识别和理解道路环境，包括其他车辆、行人、交通信号和道路标志等。图1-3所示为Waymo自动驾驶汽车。

为了优化模型，Waymo的工程师们不断地收集新的驾驶数据，这些数据包括各种天气条件、不同时间段和多样的交通场景。通过分析这些数据，工程师们能够识别模型在特定情况下的不足之处，并据此调整算法参数，提高模型的准确性和鲁棒性。

图 1-3　Waymo 自动驾驶汽车

此外，Waymo还利用模拟技术来增强AI训练。在模拟环境中，工程师可以创造出各种极端和罕见的驾驶情景，这些情景在现实世界中可能难以复现。通过在模拟环境中测试和训练AI模型，Waymo能够进一步提升系统的性能，确保自动驾驶汽车在面对真实世界中的各种挑战时能够做出正确和安全的决策。

AI训练的另一个重要方面是个性化。利用数据分析技术，AI可以为每个用户提供定制化的训练指导和建议。无论是在健康监测、教育学习还是在技能提升等领域，AI都能够根据用户的行为和反馈，提供个性化的支持，从而提高训练效果和用户体验。

然而，尽管AI训练提供了强大的数据分析和个性化服务，但它仍然只是辅助工具，而AI训练师的主动参与和持续努力是实现各种目标的关键因素。AI可以提供指导和资源，但最终的成果还取决于个人的决心、坚持和创造力。因此，AI训练应该被视为一个协作过程，其中人类的主观能动性和AI的技术能力相互补充，共同推动AI的进步和发展。

1.2　人工智能训练的 3 大基本要素

人工智能作为一种创新技术，已在众多行业中证明了其巨大的潜力和实际应用价值。在AI的演进中，算法、算力和数据是构成其成功的3个核心组件。本节将聚焦于这3个基本要素，分析它们对AI训练的关键作用。

1.2.1　AI训练要素1：算法

扫码看视频

算法在人工智能的发展中起着至关重要的作用，它们是一系列精确的步骤，结合数学和逻辑运算原理，用于处理和分析数据，实现特定的功能和任务。下面将探讨算法在AI训练中的关键作用，包括模型构建、优化创新及算法的可解释性。

❶ 模型构建：在模型构建与训练方面，算法使AI能够通过分析大量数据来学习特征，并构建对现实世界的深入理解，这些学习到的模型能够针对各种任务做出精确的预测和决策。

❷ 优化创新：随着AI技术的不断进步，新的算法不断涌现，有助于AI系统处理更加复杂和抽象的任务。其中，深度学习算法的发展就是一个例子，它使得AI能够执行如图像识别和语音识别等高级认知任务。

★ 知 识 扩 展 ★

在众多 AI 算法中，梯度提升树（Gradient Boosting Decision Tree，GBDT）和神经网络是目前被广泛使用的两种方法。这两种算法的特点分别为：梯度提升树属于传统机器学习算法，通常需要人工进行特征选择，再进行模型训练；而神经网络则代表了机器学习的先进方向，它能够自动从原始数据中学习特征，无须烦琐的预处理和特征选择步骤，直接完成从数据到模型的转换过程。

❸ 算法的可解释性：由于某些算法的复杂性，人们可能难以理解其决策过程，为了提高对AI决策的信任度，研究人员正在努力开发更加透明的算法，使用户能够更好地理解AI系统的决策依据。

1.2.2　AI训练要素2：算力

扫码看视频

算力（或称为计算能力）是推动人工智能发展的关键因素之一。在AI领域，算力取代了传统的人工计算，使得AI系统能够处理复杂的任务，并在许多情况下达到甚至超越人类的处理水平。这种转变带来了显著的优势，但同时也带来了对强大计算资源的需求，这对相关企业或机构来说是一个挑战。

在高校和专业学校中，高质量的算力资源往往稀缺，限制了他们在AI领域的研究和应用。即便是资源充足的顶尖大学，也可能面临高昂的成本，难以支持大规模的AI模型训练任务，因此只能专注于中小规模的网络设计和验证项目。

对中小企业而言，算力的门槛同样限制了它们进入AI大模型领域。尽管市场上有许多企业声称拥有自己的AI大模型，但实际上，更多的企业因为算力的限制而无法进入这一领域，只能从事相关的辅助产品开发。

在AI的发展过程中，计算速度和效率的提升至关重要。高性能的计算硬件，如图形处理器（Graphics Processing Unit，GPU），在深度学习等领域的应用已经显著提高了模型训练和推断的速度。此外，大规模并行计算的能力使得AI系统能够同时处理多个子任务，有效提升了对大数据集的处理能力和计算效率。

另外，云计算和分布式计算技术也为AI的快速发展提供了支持。云计算平台提供了可伸缩的计算资源，使得用户可以根据需要快速调整计算规模。分布式计算通过在多个处理单元上分散计算任务，不仅减轻了单个系统的负担，还提高了系统的容错能力。这些计算技术的进步，为AI未来的发展奠定了坚实的基础。

例如，OpenAI的GPT-3和GPT-4是大规模的深度学习模型（简称大模型），它们在训练和推理过程中需要巨大的算力资源，具体要求如下。

❶ 模型规模和参数数量：GPT-3模型拥有1750亿个参数，而GPT-4模型的参数规模更大，意味着需要更多的计算资源来处理这些参数。这些参数在模型训练时需要用到大量的浮点运算（FLOPs），以确保模型能够学习和理解语言的复杂性。

❷ GPU和芯片需求：为了训练GPT-3和GPT-4模型，需要使用高性能的GPU，如英伟达的A100芯片，如图1-4所示。据悉，微软为了支持ChatGPT和新版必应，投入了几亿美元构建超算平台，使用了上万张英伟达A100芯片。

图1-4　英伟达的A100芯片

❸ 数据中心和云计算资源：除了GPU，还需要大量的数据中心资源来支持生成式预训练变换器（Generative Pre-trained Transformer，GPT）模型的运行。微软在Azure的60多个数据中心部署了几十万张GPU用于ChatGPT的推理，这些数据中心提供了必要的电力、冷却和网络基础设施，以确保模型能够高效运行。

❹ 算力成本：训练GPT大模型的成本非常高。据估计，训练一个千亿规模的大型模型可能需要花费1.43亿美元，包括GPU成本、数据中心成本、人力成本和其他硬件成本。

1.2.3 AI训练要素3：数据

扫码看视频

数据是人工智能领域不可或缺的基石，它不仅是模型训练的原材料，也是机器学习模型不断进步的推动力。数据的质量和多样性直接关系到人工智能模型的性能和适应性。优质的数据集能够确保AI模型接收到的信息准确可靠，而多样化的数据集则有助于模型更好地理解和应对各种实际情况。

在AI的发展历程中，数据的收集和预处理成了至关重要的步骤。通过精心设计的方法，数据被收集、清洗和标注，为模型的训练和学习提供了丰富的素材。然而，随着数据的广泛使用，数据隐私和安全性问题也日益凸显。确保数据的安全和隐私保护成了AI发展中不可忽视的一环，需要通过合理的规范和保护措施来确保数据的合法和安全使用。

在模型设计完成后，其潜在的性能上限即"天花板"也随之确定。通过数据训练，模型能够逐渐接近这一上限。对于大模型，大量的数据训练是必不可少的，可以充分发挥其性能潜力。然而，如果数据量不足，模型可能无法达到最佳状态。相反，如果数据量充足但模型的上限不明，可能会导致在性能提升上出现不必要开支，而实际效果却未必理想。

最终，模型的性能与选用的数据紧密相关。通过各种优化手段，我们可以得到在特定数据集上表现最佳的模型。而模型的泛化能力，即对新数据的处理能力，是AI训练师追求的目标。在泛化过程中，模型可能会遇到各种问题，我们的目标是让模型能够在无监督的情况下自主学习并达到最佳状态。

以百度的文心大模型为例，这是一个先进的自然语言处理模型，它通过大规模的数据训练，学会了理解和生成人类语言。文心大模型的训练涉及大量的文本数据，这些数据不仅质量高，而且种类繁多，包括书籍、网页、新闻文章等，确保了模型能够接触到丰富多样的语言使用场景。这种数据的多样性对模型的性能至关重要，因为它使得文心大模型能够在各种不同的任务和领域中表现出色，比如写作辅助、聊天机器人、知识问答等，相关示例如图1-5所示。

图1-5 文心大模型的应用示例

在数据采集与整理方面，百度投入了大量资源来收集和预处理这些数据。数据的清洗和标注过程对模型能否有效学习至关重要，通过这些高质量的数据，文心大模型能够更好地理解语境和语义，生成连贯、相关且准确的文本。

1.3 AI训练师

人工智能技术使得人们的生活更加便利，如智慧安防、智慧物流和智能交通等，而在这个过程中，一个新兴职业——AI训练师发挥着至关重要的作用，他们充当人工智能的教练，使其更好地理解人类的需求。

AI训练师是人工智能领域的重要职业，他们主要负责训练AI模型，使其能够更好地理解人类语言和指令，以及更好地解决实际问题。随着人工智能技术的不断发展，AI训练师的需求也将不断增加，他们将成为未来数字化时代的重要人才。

1.3.1 AI训练师的定义和角色

AI训练师这一新兴职业，起源于人工智能技术的快速发展与普及。在过去的几年里，随着AI在各行各业的广泛应用，如制造业、医

扫码看视频

9

疗、金融、零售、娱乐、教育等领域，对AI系统和应用的优化需求急剧增加，这为AI训练师的出现提供了必要的土壤。

AI训练师是指那些专门使用智能训练工具，对AI模型在实际应用中进行各项管理和优化的专业人员。AI训练师的角色至关重要，因为他们直接参与AI模型的训练和优化过程，确保AI模型能够更好地服务于客户和业务需求。AI训练师负责管理和更新数据库，确保AI模型拥有最新、最准确的数据来学习和做出决策。同时，AI训练师还负责调整算法参数，以提升AI模型的准确性和效率。

AI训练师的工作不局限于技术层面，他们还需要具备良好的沟通和协调能力，以便与团队成员、产品经理及其他利益相关者进行有效合作。通过AI训练师的专业技能和不懈努力，他们在推动人工智能技术发展和应用普及方面发挥着不可或缺的作用。

1.3.2 AI训练师的工作内容和职责

扫码看视频

过去，AI产品经理会简单地处理数据，再交给标注人员。但标注人员对数据的理解及标注质量存在差异，导致工作效率低下。另外，细分领域内的数据被使用后便会失去价值，造成数据无法沉淀和复用。针对这两个问题，应运而生了AI训练师这一职位。

AI训练师的主要职责是从技术和应用的角度，对AI模型进行深度优化和训练，并基于模型开发相应的AI系统或应用，使其能适应各种复杂的任务。当然，AI训练师的工作远不止对AI模型的简单调整和优化，还包括评估AI系统或应用的性能，探寻进一步优化的空间。AI训练师的目标是使AI模型在提高生产力、改善客户体验、加速创新和降低运营成本等方面发挥最大的潜力。

例如，吉利汽车与百度合作，将文心大模型应用到汽车领域，成功开发了一个有助于推动汽车产业智能化的模型，旨在降低AI技术应用的门槛，并提升其应用效果和价值。在模型效果方面，通过人工评估，共建的智能客服知识库扩充任务的可利用率相比基线提升了24.37%。这一进步显著提高了问答系统的泛化能力，从而提升了客服系统的智能化体验。

此外，该模型在车载语音系统的短答案生成任务，以及汽车领域知识库的构建等方面也取得了20%～35%的效果提升，显示出其在多个汽车行业场景中的广泛应用潜力。该模型的具体应用场景如下。

❶ 智能客服系统：百度文心大模型可以应用于吉利汽车的智能客服系统，提供更加精准和快速的响应，改善客户咨询体验。模型能够理解复杂的客户查

询，并提供相关和准确的答案，减少对人工客服的依赖。

❷ 车载语音系统：在车载语音交互系统中，文心大模型能够提供更加自然和流畅的对话体验。无论是导航指令、音乐播放还是车辆功能控制，模型都能够快速生成准确的短答案，增强驾驶员和乘客的交互体验。例如，百度文心大模型已应用于吉利银河L6车型，并支持AI对话，如图1-6所示。

图 1-6　银河 L6 的 AI 对话功能演示

❸ 领域知识库构建：文心大模型还可以用于构建和优化汽车领域的知识库，通过不断学习和整合新的汽车相关信息，为吉利汽车提供强大的数据支持，帮助其在产品研发、市场营销和售后服务等方面做出更加明智的决策。

1.3.3　AI训练师所需技能和知识

扫码看视频

在人工智能技术快速发展的背景下，AI训练师作为这一领域的专业人才，发挥着越来越重要的作用。AI训练师不仅需要具备深厚的专业素养，还需要掌握丰富的实践技能，这些能力对推动AI技术的实际应用、优化AI系统的性能，以及解决实际业务问题至关重要。

AI训练师的技能要求相当高，不仅需要深入理解AI基础理论和技术，熟悉各种AI框架和算法，还需要具备一定的编程能力。此外，解决问题的能力、创新思维和良好的沟通技巧也是他们必备的品质。总之，AI训练师的工作职责要求他们具备多方面的基础能力，具体如下。

❶ 扎实的数据处理和分析能力：AI训练师需要熟悉科学的数据获取方法论，能够运用各种数据处理工具进行高效的数据处理和分析。同时，他们还需要具备较强的逻辑思维，能够从数据中发现规律和趋势。

❷ 丰富的行业背景知识：AI训练师需要熟悉行业数据的特点，以及行业发展趋势和竞争态势，特别是对所从事的行业领域有深入了解，从而更好地理解和应用人工智能技术。

❸ 敏锐的分析能力：AI训练师需要根据产品的数据需求，及时发现和提炼问题特征，通过深入分析找出潜在的问题和解决方案。他们需要能够从海量数据中挖掘出有价值的信息，为产品的优化和改进提供有力的支持。

❹ 良好的沟通能力：AI训练师需要与不同岗位的同事进行频繁的交流和合作，因此需要具备清晰、简洁的表达能力，能够将专业的术语和概念用通俗易懂的方式进行解释。

❺ 对人工智能技术的理解：AI训练师需要了解基本的AI概念和技术原理，了解AI技术的边界和限制，从而更好地选择和应用合适的技术来解决实际问题。

❻ 对AI行业的深入理解：AI训练师需要了解AI行业的发展动态和趋势，了解行业的痛点和挑战，从而能够针对实际场景设计出符合需求的AI解决方案。同时，AI训练师还需要关注市场的变化和用户的需求，了解用户的行为和偏好，从而为产品的发展提供有价值的建议和思路。

1.3.4 AI训练师的就业参考标准

扫码看视频

随着人工智能技术的广泛应用，越来越多的企业和组织开始意识到AI的重要性，并开始引入AI技术来解决实际问题，这导致了AI训练师需求的急剧增加。从互联网、金融、医疗、教育到电商、物流、制造业等各个行业，都需要AI训练师来提供专业的技术支持和服务。因此，AI训练师的职业前景非常广阔。

另外，随着人工智能技术的不断进步和应用领域的拓展，AI训练师的职责范围也将不断扩大，同时技能要求也将不断提高。除了传统的模型训练和优化工作，AI训练师还需要关注数据治理、算法选择、模型部署与监控等方面的工作。同时，他们还需要与业务团队密切合作，深入了解业务需求，提供更具针对性的解决方案，这将为AI训练师提供更多的职业发展机会和挑战。

如今，AI训练师证书已正式开启报考，并采用线下考试的形式。中华人民共和国人力资源和社会保障部于2020年2月25日正式将AI训练师纳入新职业，并于2021年11月25日发布了《人工智能训练师》国家职业技能标准。对于想要提升自己的技能水平或进入人工智能领域的人士而言，这一证书将为你的职业发展提供有力支持。

在人工智能领域，对AI训练师的专业能力进行验证是确保服务质量和推动行业健康发展的重要环节。这一验证过程遵循一系列精心制定的规则，这些规则在编制时参考了国际标准《合格评定能力验证的通用要求》(ISO/IEC17043)、《利用实验室间比对进行能力验证的统计方法》(ISO13528)的相关条款。这样的参考确保了验证体系的标准化和国际化，同时也使得规则体系具备了适应行业发展变化的灵活性。

AI训练师的能力验证不仅有助于规范行业从业人员的技能水平，还可以通过对现有人员能力的现状进行动态分析，为行业提供持续改进和发展的参考。这种验证机制鼓励从业人员不断提升自身技能，以满足行业不断变化的需求。

此外，这种能力验证体系还考虑到了培训和人才发展的需求。通过定期的评估和认证，AI训练师能够获得官方对其专业能力的认可，这不仅有助于个人职业发展，也为企业提供了一个可靠的人才选拔和培养的依据。这种以行业需求为导向的验证体系，最终将促进整个AI行业的良性发展和人才的优化配置。

1.3.5　AI训练师的发展前景和趋势

扫码看视频

随着AI技术的进一步发展和在各行业的深入应用，AI训练师的就业前景十分广阔，他们将在推动AI技术的发展、提升AI系统的性能，以及优化和改进AI应用等方面发挥关键作用。可以预见，随着AI技术的不断进步和普及，AI训练师这一职业将在未来持续发挥重要作用，成为推动人工智能领域发展的重要力量。

随着人工智能技术的快速发展，AI训练师这一职位逐渐成为行业关注的焦点。AI训练师是人工智能领域中的重要角色，负责训练、优化和部署AI模型，以满足不同的业务需求。然而，目前AI训练师的人才缺口正逐渐扩大，这给行业带来了挑战，但同时也带来了机遇。

AI训练师为什么会存在人才缺口？一方面，随着人工智能技术的普及，越来越多的企业开始需要AI训练师来支持其业务发展；另一方面，AI训练师需要具备丰富的技能和经验，包括机器学习、深度学习、数据科学等领域的知识，以及实际的项目经验，然而目前具备这些技能的AI训练师数量有限，无法满足市场的需求。

这一人才缺口的存在给行业带来了挑战，企业需要花费更多的时间和精力去寻找合适的AI训练师，而且往往难以找到具备全面技能和经验的人才。这限制了企业的人工智能应用和发展速度，也增加了企业的招聘成本和管理难度。

另外，AI训练师的人才缺口也带来了机遇。首先，对于具备AI训练师技能的人才来说，他们的职业发展前景更加广阔，市场需求大，职业机会也更多；其次，对企业来说，如果能够招聘到合适的AI训练师，将能够大大提升其人工智能应用水平，加速业务创新和发展。

为了解决AI训练师的人才缺口问题，需要采取多种措施。首先，要加强人才培养，提高AI训练师的技能和经验水平；其次，企业可以加强内部培训和知识分享，提高现有员工的技能水平；此外，企业还可以通过合作和联盟等方式共享AI训练师资源，共同推进人工智能技术的发展和应用。

本章小结

本章对AI训练师的角色和重要性进行了介绍。首先介绍了AI训练的基本概念；其次介绍了AI训练的3个核心要素，即算法、算力和数据；最后介绍了AI训练师的定义、职责、所需技能和知识，以及他们在行业中的发展前景。通过学习本章内容，读者能够对AI训练师的工作有一个基本的认识，并把握其在推动AI技术发展中的关键作用。

课后习题

鉴于本章知识的重要性，为了帮助读者更好地掌握所学知识，本节将通过课后习题，帮助读者进行简单的知识回顾和补充。

1. 简述算法在AI训练中的作用，并举例说明如何通过算法优化提高系统智能化水平。

2. 简述AI训练师在提升模型性能方面的职责，并说明为什么数据的质量和多样性对模型训练至关重要。

第 2 章　掌握数据标注的基础

在当今快速发展的人工智能领域，数据标注是构建高效、准确AI模型的关键步骤。数据标注不仅为机器学习提供了训练的基础，而且对提高算法的性能和精确度起到了至关重要的作用。本章将深入介绍数据标注的基础知识，帮助大家理解数据标注的核心概念，为构建强大的AI系统或应用打下坚实的基础。

2.1 数据标注的定义与重要性

数据标注是指对原始数据进行标记、分类或注释，以提供给机器学习算法进行学习的依据，是训练人工智能的必要环节。没有经过标注的数据，机器学习算法无法从中提取有用的信息，也就无法有效地进行学习。因此，数据标注是人工智能领域中不可或缺的一环，对于推动人工智能技术的发展和应用具有重要意义。

2.1.1 什么是数据标注

数据标注是针对计算机视觉或自然语言处理技术能够识别的材料内容进行标记的过程，相关示例如图2-1所示。在进行数据标注的过程中，数据标注人员需要仔细检查各种图像、文本等内容，然后为这

扫码看视频

些内容添加适当的标签或注释，以供后续的算法或编程语言使用。这些标签或注释可以使计算机更好地理解数据，从而更准确地执行任务。

图2-1 数据标注示例

这些经过标注的数据更容易被算法或编程语言处理，并通过自然语言处理技术进行解释，从而为人工智能模型提供更丰富、更准确的信息，使其能够更好地理解和解释高质量图像、视频及文本中的数据。

2.1.2 数据标注的重要性

在AI训练中，数据标注是通过人工贴标的方式为机器学习模型提供大量学习的样本，从而让计算机学会理解并具备判断的能力。我们可以将数据标注的整个过程想象成一条流水线，包括获取数据、处理数据、机器学习和模型评估4个阶段，相关介绍如下。

❶ 获取数据：有能力的公司通常会自己采集数据，而没有资质或嫌麻烦的公司则可以找供应商代为采集。对采集到的数据需要进行预处理，如切割成单张图片，以方便后续的标注工作。

❷ 处理数据：根据数据标注的规则，将图像、音频、文字等内容处理成可被机器学习算法识别的格式。

❸ 机器学习：当数据被标注完成后，便可以让计算机不断地学习数据的特征，最终让它能够自主识别数据，这个过程就是机器学习。

❹ 模型评估：这是一个反复的标注数据和验证过程，每一批标注的数据都会被投放给机器进行学习，这个过程会用到大量的数据，从而让模型能够变得更加完善。

2.1.3 数据标注的挑战

数据标注并非易事，它需要投入大量的人力、物力和时间，同时还需要高度的专业知识和技能。标注数据的准确性、一致性和完整性，会直接影响人工智能模型的性能和可靠性。因此，如何进行高效、准确的数据标注成了人工智能领域面临的重要挑战。数据标注过程中的常见问题如下。

❶ 质量控制：确保所标注数据的准确性和一致性，是数据标注最大的挑战之一。由于人工标注具有主观性，不同的标注人员可能会对同一数据给出不同的标签，这就需要有效的质量控制机制来确保数据标注的质量。

❷ 标注规则的制定：为了减少标注的主观性，需要制定详尽的标注规则。然而制定一个全面且易于理解的标注规则是一项挑战，它需要对数据的特征和模型的需求有深刻的理解。

❸ 数据隐私性和安全性：在标注数据的过程中，可能会涉及敏感数据，这就要求有严格的数据隐私保护措施和安全协议，以防止数据被泄露和滥用。

❹ 标注工具的选择和优化：选择合适的标注工具对提高数据标注效率至关

重要。然而，现有的标注工具可能无法满足所有类型的数据标注任务，因此可能需要定制或优化工具以适应特定的需求。

那么，该如何应对大规模数据标注的挑战呢？相关策略如下。

❶ 自动化与人工智能辅助标注：通过自动化技术和人工智能算法，可以减轻人工标注的负担。例如，可以使用预标注、半自动化标注或弱监督学习等方法来辅助人工标注，提高标注效率。

❷ 众包标注：众包是一种有效的大规模数据标注方式，它通过将标注任务分发给广大的网络用户来完成。通过设计合理的激励机制和质量控制流程，可以利用众包来降低标注成本并提高标注速度。例如，百度数据众包平台提供了专业的数据标注、制作、采集服务，并支持图像语义分割、3D点云标注、连续帧标注、视频分类等高级标注任务，如图2-2所示。

图 2-2　百度数据众包平台的数据标注服务

❸ 分层标注：对于复杂的标注任务，可以采用分层标注的方法，先进行粗略的标注，然后逐步细化，这样可以在保证标注质量的同时，提高标注效率。

另外，我们还需要注意数据标注成本与效率的平衡，具体策略如下。

❶ 成本效益分析：在进行数据标注时，需要对成本和效益进行权衡，包括对标注任务的复杂度、所需时间和资源投入进行评估，以及预测标注后模型的性

能提升。

❷ 优化标注流程：通过优化数据标注流程，如采用更高效的标注策略、改进标注工具和提高标注员的培训质量，可以在不牺牲标注质量的前提下，降低成本并提高效率。

❸ 动态调整标注策略：根据项目进展和反馈，动态调整标注策略和资源分配。例如，对于初步标注结果中错误率较高的部分，可以增加复审和校对的资源投入。

2.2 数据标注的类型与应用场景

数据标注作为人工智能和机器学习领域的一个重要环节，它直接影响到模型训练的效果和性能。不同类型的数据标注任务对应着多样化的应用场景，从而使得AI技术能够广泛应用于各个行业和领域。从简单的图像分类和文本识别到复杂的自动驾驶和自然语言处理，数据标注的类型多种多样，每种类型都有其独特的挑战和要求。

本节将介绍数据标注的主要类型，包括但不限于图像标注、音频标注、文字标注等，并探讨它们在各种应用场景中的具体作用。通过深入了解这些标注类型及其应用，我们可以更好地理解数据标注对推动AI技术发展的重要性，并认识到精确的标注工作是如何帮助构建更加智能和高效的AI系统的。

2.2.1 不同学习模式的标注需求

扫码看视频

数据标注是机器学习模型训练过程中的关键步骤，不同类型的学习模式（即算法）对数据标注的需求和策略各有不同。下面是对监督学习、无监督学习和半监督学习中数据标注需求的详细介绍。

1. 监督学习中的标注需求

监督学习（Supervised Learning）是机器学习中最常见的一种模式，它需要大量带有标签的数据来训练模型。在这种学习模式中，数据标注的主要目的是提供准确的"输入—输出对"，以便模型能够学习到从输入数据到预期输出的映射关系。监督学习中的常见标注需求如下。

❶ 分类任务：在分类问题中，数据标注需要为每个样本指定一个类别标签。例如，在图像识别中，标注人员需要标记图像中的物体属于哪个类别，如猫、狗或汽车等，相关示例如图2-3所示。

图 2-3　标记图片中的物体示例

❷ 回归任务：回归任务中的标注需要为样本提供连续的数值标签。例如，在房价预测中，每个房屋的特征需要标注对应的价格。

❸ 序列标注任务：在处理时间序列数据或自然语言文本时，序列标注任务需要对序列中的每个元素或子序列进行标注。例如，在情感分析中，需要标注文本中每个句子的情感倾向，相关示例如图2-4所示。

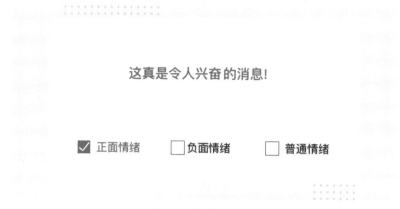

图 2-4　情感标注示例

2. 无监督学习中的标注需求

无监督学习不依赖于标签数据，而是通过分析数据本身的结构和模式来发现它的内在特征。尽管无监督学习不需要标注数据，但在某些情况下，为了验证模型发现的模式是否符合实际应用，可能需要进行一定程度的数据标注工作，具体如下。

❶ 聚类标注：在聚类分析中，虽然没有预先定义的标签，但研究者可能会对聚类结果进行标注，以便模型能够理解和解释每个聚类代表的含义。

❷ 异常检测标注：在异常检测任务中，模型旨在识别数据中的异常或离群点。在这种情况下，标注工作可能包括标记正常数据和异常数据。

3. 半监督学习中的标注策略

半监督学习结合了监督学习和无监督学习的特点，使用少量的标注数据和大量的未标注数据进行模型训练。在这种学习模式中，数据标注的策略尤为重要，具体方法如下。

❶ 利用有限的标注数据：在半监督学习模式中，标注数据非常宝贵，需要精心设计标注策略，以最大化利用有限的标注信息。

❷ 自训练标注：半监督学习中常用的一种策略是自训练，即模型首先在有限的标注数据上进行训练，然后在未标注数据上进行自我预测，并将预测结果作为伪标签用于进一步训练。

❸ 多任务标注：在多任务学习框架下，可以同时进行多个相关任务的标注，通过任务间的相互作用来提高标注效率和模型性能。

了解不同学习模式中的标注需求和策略，对设计有效的数据标注流程和提高模型性能具有重要意义。通过精确的标注和合理的策略，可以确保数据被充分利用，从而训练出更加准确和可靠的机器学习模型。

2.2.2　不同应用场景中的标注类型

要构建可靠的人工智能模型，机器学习和深度学习算法都依赖于良好的数据。这些数据不仅需要结构清晰，还需要经过精确的标注，以便为算法提供正确的训练信息。通过数据标注和机器学习，我们可

扫码看视频

以实现许多对用户体验有重大影响的改进，如语音识别、产品推荐、搜索引擎结果的优化、聊天机器人等，这些应用涉及各种形式的数据，包括文本、声音、静止图像和动态视频等。

不同类型的数据标注广泛应用于各个领域，从图像标注到文本标注，再到音频标注和视频标注等。下面介绍不同应用场景中的标注类型。

❶ 图像标注：指为图像添加文字描述或标签，以帮助人们更好地理解、识别和分类图像，相关示例如图2-5所示。图像标注可以包括物体、场景、情感、活动等多种内容，常用于计算机视觉、图像识别、自然语言处理等领域。

图 2-5　图像标注示例

★ 知识扩展 ★

　　图像中的识别目标定位对图像识别模型的训练至关重要，它通过标注图像中的关键对象来辅助模型学习。这种技术广泛应用于人脸识别、人体检测、障碍物识别及交通信号灯识别等领域，对于推动智能驾驶技术、增强智能安防系统及优化智能设备功能等方面具有显著的作用。通过精确的图像框选，可以有效地提升模型对特定目标的识别能力，进而在实际应用中实现更准确的场景理解和决策支持。

　　❷ 文字标注：指通过添加标签或元数据来提供关于语言数据的相关信息，可以应用于多种任务，如自然语言处理、信息提取、文本分类、信息检索、机器翻译等，相关示例如图2-6所示。

图 2-6　文字标注示例

　　❸ 情感标注：指依靠高质量的训练数据来准确评估人们的感受、想法和观点。情感标注通常需要判定一句话包含的情感，如最普通的三级情感标注（正面、普通或中性、负面），要求高的会分成六级甚至十二级情感标注。

❹ 意图标注：指对文本中的意图进行标注，如用户查询的意图、机器翻译的意图等，相关示例如图2-7所示。意图标注可以帮助机器更好地理解用户的意图和需求，提高自然语言处理和对话系统的准确性和智能性。

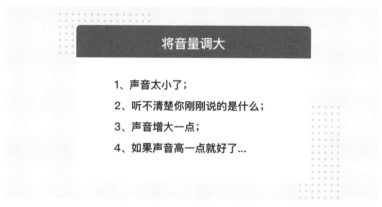

图 2-7　意图标注示例

❺ 语义标注：是一种将文本或其他数据与预定义的语义类别或概念相关联的过程，它的目标是为数据添加语义信息，以便计算机可以更好地理解和处理这些数据，并提高计算机在自然语言处理任务中的性能。常见的语义标注任务包括命名实体识别（如人名、地名、组织机构名等）和语义关系标注（如主语、谓语、宾语等）。

❻ 音频标注：涉及对语音数据的处理，包括时间戳（一种记录时间的方式）、音素、转录及语言特征的识别。除了基本的语音转录，还可以识别方言、说话者人口统计数据等特征。图2-8所示为音素标注的相关示例，通过对音频进行监听，将其转写为文本，同时对文字的音素进行标注，常用于语音合成技术。

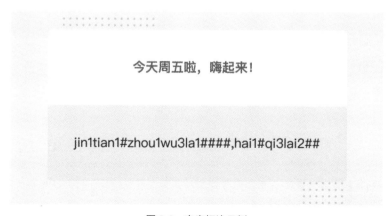

图 2-8　音素标注示例

★ 知 识 扩 展 ★

说话者人口统计数据是指通过语音识别和语音分析技术，对语音中说话者的特征进行分析和识别，进而对说话者的年龄、性别、种族、地域、口音等人口统计学特征进行分类和标注。

❼ 视频标注：指对视频内容进行标记、注释或描述的过程，以便计算机或其他系统能够理解和处理视频中的信息，这对定位和对象跟踪等任务来说至关重要。视频标注的常用方法如下。

•边界框：在视频或图像中用于标记特定对象的矩形框，通常采用连续帧标注的方式，常用于自动驾驶及视频图像识别模型的训练，相关示例如图2-9所示。连续帧标注是指对视频进行抽帧，并对每一帧图片中的目标物体进行连续标注。

图2-9　视频连续帧标注示例

•语义分割：是一种将视频帧中的每个像素与特定类别或对象相关联的技术，相关示例如图2-10所示。

图2-10　视频语义分割示例

★ 知 识 扩 展 ★

语义分割技术通过精确的多边形标记来识别和区分视频中的各种区域，能够对不规则的视频场景进行细致的区域划分，并为每个区域赋予特定的属性标签。语义分割技术对提升视频识别模型的性能发挥着重要作用，尤其是在人体和场景的精确分割，以及自动驾驶中的道路识别等任务中表现出色。

语义分割的应用范围广泛，它不仅在智能驾驶领域中提高了道路安全性和行车效率，还在智能设备和智能安防系统中增强了对环境的理解和响应能力，为这些场景的实际应用提供了强有力的技术支持。

2.2.3　选择合适标注类型的原则

扫码看视频

在选择数据标注类型时，需要综合考虑项目的需求、资源的可用性，以及成本和时间的约束。下面是选择合适标注类型时需要遵循的几个原则。

1.根据项目目标确定标注类型

在确定标注类型之前，首先需要对项目的目标有一个清晰的认识，这将直接影响到标注的需求和策略，相关方法如下。

❶ 理解项目需求：明确项目的具体目标和需求是选择合适标注类型的基础。不同的AI应用场景和目标任务对数据标注的要求各不相同。例如，如果进行图像分类，可能需要图像级别的标注技术；而如果进行对象检测，则需要精确的边界框标注技术。

❷ 选择合适的标注精度：根据项目的具体需求，确定所需的标注精度。对于某些AI应用，如自动驾驶车辆的行人检测，可能需要高精度的像素级语义分割或者3D点云标注；而对于一般的物品识别，简单的边界框标注可能就足够了。

★ 知识扩展 ★

三维（Three Dimensional，3D）点云标注是一种将三维空间中的点集合进行分类和标记的技术，广泛应用于自动驾驶领域以提升车辆对环境的感知能力，相关示例如图2-11所示。点云是由大量的三维点组成的，这些点通过激光雷达或其他三维扫描设备捕捉得到，能够精确地反映物体的形状和位置。

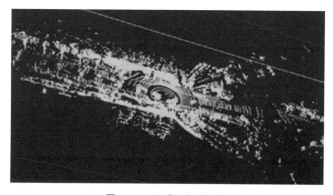

图 2-11　3D 点云标注示例

具体来说，3D点云标注包括以下几个步骤。

①障碍物框选：在三维空间中，通过标注工具对障碍物的点云数据进行框选，确定障碍物的位置和形状，相关示例如图2-12所示。

②语义分割：对雷达图或其他三维扫描图像进行分析，将点云数据中的每个点分配到相应的类别，如道路、车辆、行人等，从而实现对场景的详细理解，相关示例如图2-13所示。

图2-12　障碍物框选示例

图2-13　3D点云语义分割示例

③模型训练：使用经过标注的点云数据训练自动驾驶模型，使其能够识别和处理各种复杂的交通情况。

在自动驾驶模型的训练中，3D点云标注的作用至关重要。通过对点云数据进行细致的标注，模型可以学习识别和理解道路环境中的各种障碍物，如行人、车辆、建筑物等，从而帮助自动驾驶系统更准确地感知和理解周围环境。

❸ 考虑模型的复杂度：在选择标注类型时，还需要考虑模型的复杂度和预期的性能。更复杂的标注类型可能会带来更好的模型性能，但同时也可能需要更多的标注资源和时间。

2. 标注资源的可用性与限制

标注资源的可用性是实施数据标注项目的重要考量因素，将直接影响标注的效率和质量。标注资源的可用性不仅包括人力资源的数量，还包括标注人员的专业能力和经验。对于需要专业知识的标注任务，如医学图像标注，可能需要专业的标注人员。

3. 标注成本与时间的考量

在选择标注类型时，需要进行成本效益分析。一些高精度的标注类型虽然可以提高模型性能，但也可能相应地增加成本。因此，我们需要权衡标注成本和预期收益，选择最合适的标注策略。

另外，项目的时间限制也是选择标注类型的一个重要因素。如果时间紧迫，可能需要选择可以快速完成的标注类型，即使这可能会牺牲一些标注精度。尤其是在项目初期，可以选择较为简单的标注类型快速迭代和优化模型。随着项目的推进，根据模型性能和需求的变化，逐步引入更复杂的标注类型。

2.3 数据标注的标准与流程

为了确保数据标注的质量和一致性，遵循一套标准化的流程和明确的标注规则至关重要。本节将介绍数据标注的常见标准和流程，通过细致的规划和管理，我们可以确保标注数据的准确性、一致性和可复用性，从而为后续的模型训练和算法优化提供坚实的支撑。

2.3.1 数据标注的质量标准

在数据标注领域，确保高质量的标注结果对训练有效的机器学习模型至关重要。下面将详细介绍衡量标注质量的标准，包括标注的准确性、一致性，以及实施质量控制的方法和实践。

扫码看视频

1. 标注准确性的定义与评估

标注准确性是指数据标注结果与实际或标准答案的接近程度，它是衡量标注质量的关键指标，直接影响到模型训练的有效性。

标注准确性通常通过比较标注结果与真实标签来定义。在理想的情况下，所有标注都应该与真实情况完全匹配。我们可以通过多种方法来评估标注的准确性，如混淆矩阵、精确度、召回率和F1分数等，这些方法可以帮助我们量化标注错误，并识别需要改进的地方。

2. 标注一致性与互评机制

标注一致性是指不同标注人员对同一数据集给出的标注结果的一致性，它反映了标注过程中的主观性和不确定性。高一致性意味着标注结果的可靠性更高，对模型训练更有利。为了提高标注的一致性，可以实施互评机制，即让多个标注人员独立标注同一数据集，并通过比较和讨论来解决分歧，达成共识。

3. 标注质量控制的方法与实践

标注质量控制是确保数据标注项目成功的关键环节，通过实施有效的质量控制措施，可以最大限度地减少错误和提高标注质量。

数据标注的质量控制方法包括定期的质量检查、错误分析和反馈循环，通过这些方法，可以及时发现并纠正标注错误。另外，还需要建立清晰的数据标注规则，为标注人员提供充分的培训和支持，以及采用自动化工具来辅助标注过程等，这些都是提高标注质量的有效实践。

2.3.2 数据标注的基本流程

扫码看视频

数据标注是一种将文本、图像、音频等数据与相应的标签或类别相关联的过程，通常用于机器学习等AI领域。数据标注是训练人工智能模型的关键过程，它对模型的性能和实际应用效果具有非常大的影响。为了确保模型的准确性和可靠性，我们应当重视数据标注的每一步。那么，应该如何进行数据标注呢？下面介绍数据标注的基本流程。

❶ 采集数据：从各种来源收集需要标注的数据，如文本、图像、音频、视频等。例如，百度推出的"唤醒词收集"功能，利用其广泛的数据采集网络，能够记录来自全国各地用户的唤醒词语音样本，相关示例如图2-14所示。"唤醒词收集"功能支持在不同的设备上进行语音采集，包括远场和近场环境，并且能够适应不同语速的语音输入。这些多样化的数据有助于提升语音识别模型的训练效果，进而在智能家居、智能穿戴设备、智能零售等多种实际应用场景中得到有效运用。

图2-14 "唤醒词收集"功能应用示例

❷ 清洗数据：对采集到的数据进行预处理，去除噪声、异常值等干扰因素，并对数据进行格式转换和标准化处理。

❸ 标注数据：使用标注工具，根据预定义的标注规则和标准对数据进行标注。标注的内容可以包括对象的类别、位置、大小、运动轨迹等信息，也可以包括场景的描述、情感倾向等内容。另外，我们也可以结合多种数据标注技术，显著提高模型训练的效率和效果。例如，2D与3D数据融合标注技术对自动驾驶系统的模型训练具有显著的促进作用，相关示例如图2-15所示。

图2-15 2D 与 3D 数据融合标注技术应用示例

★ 知识扩展 ★

采用2D与3D数据融合标注技术，可以实现对二维图像与三维点云数据的同时处理和标注，能够让自动驾驶车辆更加精准地结合视觉信息和雷达探测数据，从而提升对周围环境的感知能力。

2D与3D数据融合标注技术的应用，不局限于自动驾驶技术的开发和优化，还能够在实际的自动驾驶场景测试和应用中发挥关键作用。

❹ 审核标注：对数据标注结果进行审核和检查，确保标注的准确性和质量。

❺ 存储数据：将标注后的数据存储在数据库或其他存储介质中，确保标注成果的长期保存和高效访问。

❻ 反馈数据：将标注后的数据反馈给机器学习模型，以提高模型的性能。

本章小结

本章介绍了数据标注的基础知识，包括它的定义、重要性、面临的挑战，以及不同类型的标注方法和应用场景等内容，让读者认识到数据标注对训练高效的机器学习模型至关重要，它直接影响模型的性能和准确性。

本章还讨论了在不同学习模式下标注需求的差异，以及如何在多样化的应用场景中选择和实施合适的数据标注类型。此外，本章还介绍了确保标注质量的标准和流程，这些都是实现高质量数据标注的关键因素。通过对本章的学习，读者应该能够理解数据标注的核心概念，并具备选择和执行数据标注任务的基本能力。

课后习题

鉴于本章知识的重要性，为了帮助读者更好地掌握所学知识，本节将通过课后习题，帮助读者进行简单的知识回顾和补充。

1. 简述数据标注的重要性，并给出一个实际应用场景的例子。

2. 简述在监督学习中为什么需要对数据进行标注，并给出一个例子。

第 3 章　数据标注的工具与方法

　　在掌握了数据标注的基础知识之后，本章将带领大家深入了解数据标注的工具与方法。本章主要以VGG图像注释器为例进行讲解，同时还会介绍不同的标注方法。通过对本章的学习，读者将能够更加熟练地运用这些数据标注工具和方法，为构建精准的机器学习模型打下坚实的基础。

3.1 VIA 数据标注入门

VGG图像注释器（VGG Image Annotator，VIA）是一个对用户友好的数据标注工具，它支持图像、音频和视频等多种数据类型的标注工作。VIA的一个显著特点是它的便捷性——作为一个基于Web的应用程序，用户可以直接在网络浏览器中使用VIA，无须进行烦琐的安装或配置过程。本节将逐步介绍下载与使用VGG图像注释器的基本方法。

3.1.1 认识VGG图像注释器

扫码看视频

VGG图像注释器是一款功能强大的数据标注工具，它允许用户在图像中定义特定区域，并对这些区域进行详细的文本描述，如图3-1所示。VIA由视觉几何组（Visual Geometry Group，VGG）开发，作为一个开源项目，它遵循BSD-2条款许可证，这意味着用户可以自由地使用和分发VIA。

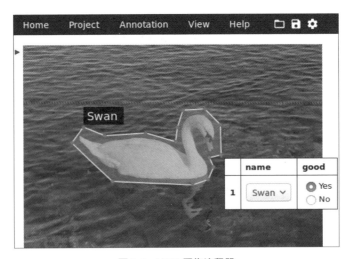

图 3-1　VGG 图像注释器

★ 知识扩展 ★

BSD-2 条款许可证（2-Clause BSD License），也被称为 Simplified BSD License 或 FreeBSD License，是一种宽松的开源许可证，非常适合那些希望将自己的软件开源，同时又不对使用者施加太多限制的开发者。

VIA的基本特点如下。

❶ VIA的设计理念是简洁性和易用性，它完全基于标准的Web技术——

HTML、CSS和JavaScript构建，不依赖任何外部JavaScript库。这种设计使得VIA非常轻量级，整个应用程序可以打包在一个小于400KB的单个HTML文件中，便于用户下载和部署。

★ 知识扩展 ★

超文本标记语言（HyperText Markup Language，HTML）是用于创建网页内容的标准化语言，是网页的骨架，它会告诉浏览器如何展示网页内容。

层叠样式表（Cascading Style Sheets，CSS）用于描述HTML文档的样式和布局，它允许用户控制网页元素的字体、颜色、间距、尺寸、背景等视觉特性。

JavaScript是一种脚本语言，用于增强网页的交互性，它允许用户在网页上实现动态内容、动画效果、表单验证、异步通信等高级功能。

❷ VIA的一个显著优势是可以离线使用。用户只需将VIA文件下载到本地，就可以在网络浏览器上运行，且无须互联网连接，这使得VIA特别适合在网络不稳定或无法访问互联网的环境中使用。VIA在主流浏览器如Firefox、Chrome和Safari上都经过了严格测试，确保了良好的兼容性和稳定的性能。

❸ VIA支持多种区域形状的注释，包括矩形、圆形、椭圆形、多边形、点和折线，这为用户提供了极大的灵活性，以适应不同类型的图像注释任务。无论是简单的物体定位，还是复杂的场景解析，VIA都能够满足用户的需求。

❹ VIA提供了便捷的数据导入和导出功能。用户可以将区域数据以CSV或JSON文件格式导入到VIA中，也可以将标注结果导出为相同格式的文件，便于后续的数据处理和分析。这种文件格式的兼容性，使得VIA能够轻松地与其他软件工具和数据处理流程集成在一起。

★ 知识扩展 ★

逗号分隔值（Comma-Separated Values，CSV）是一种简单的文本文件格式，用于存储表格数据，如数字和文本，易于阅读和编写。对象表示法（JavaScript Object Notation，JSON）是一种轻量级的数据交换格式，不仅易于人们阅读和编写，同时也易于机器解析和生成。

总之，VGG图像注释器以其开源、轻量级、跨平台和高度可定制等特点，成为图像注释领域一个非常受欢迎的工具。

3.1.2 下载与安装VGG图像注释器

VIA的设计目标是提供一个直观且易于上手的界面，使得用户即使没有专业的技术背景也能够快速开始数据标注工作。VIA能够适应各种不同的数据标注需求，从简单的图像分类到复杂的对象检测和跟

扫码看视频

踪任务。下面介绍下载与安装VGG图像注释器的操作方法。

步骤01 进入Visual Geometry Group官网，单击Software（软件）按钮，如图3-2所示。

图 3-2　单击 Software 按钮

步骤02 执行操作后，进入Software页面，选择VGG Image Annotator工具，如图3-3所示。

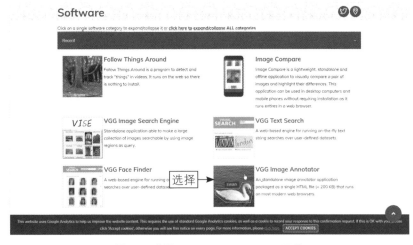

图 3-3　选择 VGG Image Annotator 工具

步骤03 执行操作后，进入VGG Image Annotator（VIA）页面，在页面下方的Downloads（下载）选项区中，选择相应的软件版本，单击其名称即可进行下载，如图3-4所示。

图 3-4　单击相应的软件版本名称

步骤04 下载完成后，进入软件的保存文件夹，在压缩文件上单击鼠标右键，在弹出的快捷菜单中选择"解压到当前文件夹"命令，如图3-5所示。

步骤05 执行操作后，进入解压后的文件夹，双击via.html图标，如图3-6所示，即可打开VIA工具。

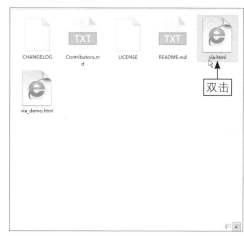

图 3-5　选择"解压到当前文件夹"命令　　　图 3-6　双击 via.html 图标

3.1.3　加载图像的方法

要开始使用VIA进行数据标注，首先需要将图像加载到VIA工具中，具体操作方法如下。

扫码看视频

步骤01 在菜单栏中，选择Project（项目）| Add local files（加载本地文件）命令，如图3-7所示，使用浏览器的文件选择器来选择本地文件。

步骤02 弹出"打开"对话框，选择相应的图像文件，如图3-8所示。

图 3-7　选择 Add local files 命令

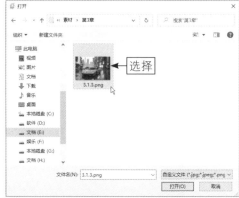

图 3-8　选择相应的图像文件

步骤 03 单击"打开"按钮，即可在VIA中加载该图像文件，如图3-9所示。

图 3-9　加载图像文件

　　另外，用户还可以选择Project | Add files from URL（从网址添加文件）命令，弹出Add File using URL（使用网址添加文件）对话框，如图3-10所示，输入相应的图像网址并单击OK（确认）按钮即可。

　　除此之外，用户还可以从文本文件中存储的统一资源定位符（Uniform Resource Locator，URL）或绝对路径列表添加文件。首先创建一个包含URL和绝对路径的文本文件，然后选择Proieet | Add url or path from text file（从文本文件添加网址或路径）命令，接下来选择相应的文本文件并单击"打开"按钮即可。

图 3-10 Add File using URL 对话框

3.2 图像标注的 3 种方法

一旦图像被成功导入到VIA工具中，就可以开始根据项目需求进行标注工作了。本节将介绍图像标注的3种方法，帮助大家掌握VGG图像注释器的基本操作。

3.2.1 添加矩形标注

在标注数据的过程中，矩形是一种常见且实用的标注工具，它允许用户在图像上绘制矩形框来标记和分类图像中的特定对象或区域，适用于对象检测、图像分割及其他计算机视觉任务。下面介绍添加矩形标注的操作方法。

扫码看视频

步骤 01 以上一例加载的图像为例，在Region Shape（区域形状）选项区中选择矩形工具 ▭ ，在图像中框住汽车对象，给其添加一个矩形标注，如图3-11所示。

图 3-11 添加一个矩形标注

步骤02 展开Attributes（属性）编辑器面板，输入相应的名称（car），单击 按钮添加属性，并设置相应的Name（名称）、Desc.（描述）和Type（类型），编辑标注对象的属性，如图3-12所示。

图 3-12　编辑标注对象的属性

3.2.2　添加椭圆形标注

椭圆形是一种特殊的标注工具，专门用于识别和标记图像中的圆形或近似圆形的对象，具体操作方法如下。

扫码看视频

步骤01 进入VIA工具的Home（首页）页面，单击Add Files（添加文件）按钮，如图3-13所示。

图 3-13　单击 Add Files 按钮

步骤02 执行操作后，弹出"打开"对话框，选择相应的图像文件，单击"打开"按钮加载图像，在Region Shape选项区中选择椭圆形工具〇，在图像中框住热气球对象，给其添加一个标注，如图3-14所示。

图 3-14　添加椭圆形标注

步骤03 展开Attributes编辑器面板，在属性名称文本框中输入type（类型），如图3-15所示。

步骤04 单击 按钮添加属性，并设置Name为type、Desc.为Name of the object（对象的名称）、Type为dropdown（下拉列表），如图3-16所示。dropdown允许用户从一系列预定义的选项中进行选择。

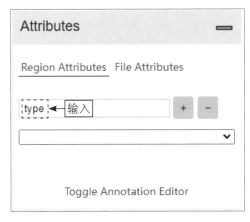

图 3-15　输入属性名称

图 3-16　设置属性参数

步骤05 在下方的id（身份标识）列表中，添加多个下拉列表选项，如

human（人类）、animal（动物）、other objects（其他物体），如图3-17所示。

步骤06 选中图中的椭圆形标注，在弹出的type下拉列表中可以选择相应的id参数，如图3-18所示。

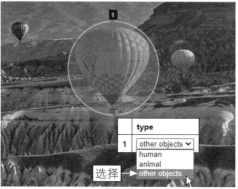

图 3-17　添加多个下拉列表选项　　　　　　　　图 3-18　选择相应的 id 参数

步骤07 使用相同的操作方法，在其他热气球对象上添加椭圆形标注，并设置相应的id参数，如图3-19所示。

图 3-19　为其他热气球对象添加椭圆形标注

3.2.3　添加多边形标注

扫码看视频

多边形标注工具允许用户对不规则形状的对象进行精确的标注。与矩形和椭圆形标注相比，多边形标注提供了更高的灵活性和准确性，特别适用于那些不能用简单的几何形状描述的对象。下面介绍添加多边形标注的操作方法。

步骤01 在VIA中加载相应的图像文件，在Region Shape选项区中选择多边形工具 ◯，在图像中框住小船对象，给其添加一个标注，如图3-20所示。

图 3-20 添加多边形标注

步骤02 展开Attributes编辑器面板，在属性名称文本框中输入image_quality（图像质量），如图3-21所示。

步骤03 单击 按钮添加属性，并设置Type为checkbox（复选框），其他参数保持默认即可，如图3-22所示。checkbox允许用户从一组选项中进行选择，且可以同时选择多个选项。

图 3-21 输入属性名称

图 3-22 设置 Type 参数

步骤04 在下方的id列表中，添加多个复选框选项和相应的描述信息，如blur（模糊）、Blurred region（模糊区域）、good（好的）、Good Illumination（照明良好）、frontal（正面的）、Object in Frontal View（正面视图中的对象），如图3-23所示。

步骤05 选中图中的多边形标注，在弹出的image_quality表单中可以选中相应的复选框，注释图像的属性，如图3-24所示。

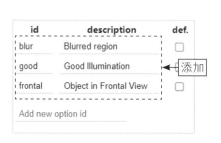

图3-23　添加多个复选框选项　　　　　　图3-24　选中相应的复选框

3.3　使用其他数据标注工具

除了VGG图像注释器，VGG团队还开发了一系列其他专用的数据标注工具，以满足不同类型数据的标注需求。这些工具包括视频注释器、音频注释器和字幕注释器等，它们各自针对特定的数据格式和应用场景进行了优化。用户可以进入VGG Image Annotator（VIA）页面，在页面下方的Downloads选项区中，下载via-src-3.0.12.zip文件，如图3-25所示，即可获取上述标注工具。

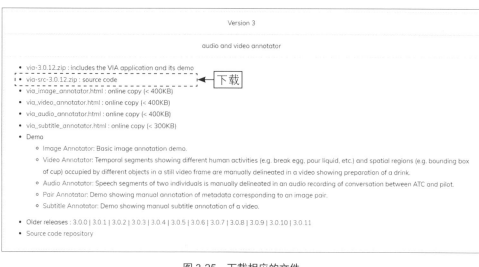

图3-25　下载相应的文件

本节将逐一介绍这些工具的特点和使用方法，探讨如何使用它们更高效、更精确地完成各种数据标注任务。

3.3.1 添加视频标注

视频数据标注是多媒体数据处理中的一个关键环节，对视频内容分析、事件检测及行为识别等任务至关重要。与图像标注相比，视频标注增加了时间维度的复杂性，要求标注工具能够处理连续帧及时间序列上的动态变化。下面介绍添加视频标注的操作方法。

扫码看视频

步骤01 进入via-src-3.0.12.zip的解压文件夹，双击via_video_annotator.html图标，如图3-26所示。

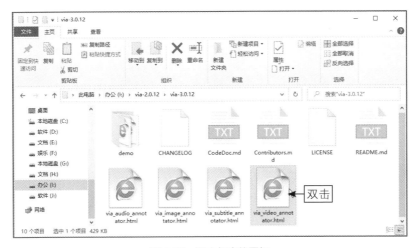

图 3-26 双击相应的图标

步骤02 执行操作后，即可打开Video Annotator（视频注释器）工具，单击local files（本地文件）超链接，如图3-27所示。

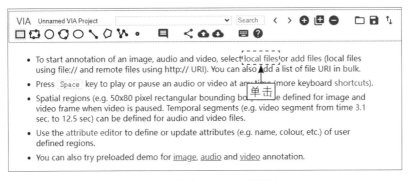

图 3-27 单击 local files 超链接

步骤 03 执行操作后，弹出"打开"对话框，选择相应的视频文件，单击"打开"按钮，即可加载视频文件，如图3-28所示。

图 3-28　加载视频文件

步骤 04 在工具栏中选择矩形工具 ，在视频中框住人物对象，给其添加一个矩形标注，如图3-29所示。

图 3-29　添加矩形标注

步骤05 在工具栏中单击🖹（显示/隐藏属性编辑器）按钮，展开Attributes编辑器面板，设置Name为girl（女孩），选择矩形标注，在下面的表单中输入a girl wearing a white dress（穿着白色连衣裙的女孩），添加注释信息，如图3-30所示。

图 3-30　添加注释信息

步骤06 隐藏属性编辑器，在其他视频帧上添加矩形标注，并输入相应的注释信息，如图3-31所示。

图 3-31　输入相应的注释信息

3.3.2 添加音频标注

扫码看视频

音频数据标注是处理和分析音频内容的基础，它在语音识别、音乐信息检索、情感分析及其他许多音频处理领域中扮演着重要角色。音频标注不仅需要识别和分类音频中的不同声音元素，还可能涉及对语音片段的转录或对音乐作品中特定事件的标记。下面介绍添加音频标注的操作方法。

步骤01 进入via-src-3.0.12.zip的解压文件夹，双击via_audio_annotator.html图标，如图3-32所示。

步骤02 执行操作后，即可打开Audio Annotator（音频注释器）工具，单击local files超链接，如图3-33所示。

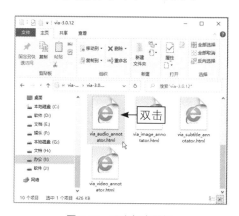

图 3-32　双击相应图标

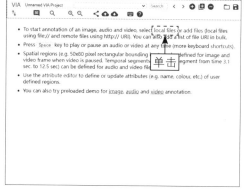

图 3-33　单击 local files 超链接

步骤03 执行操作后，弹出"打开"对话框，选择相应的音频文件，单击"打开"按钮，即可加载音频文件，如图3-34所示。

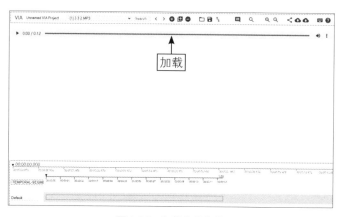

图 3-34　加载音频文件

步骤04 按【A】键，即可在当前时间添加一个时间段标注，如图3-35所示。

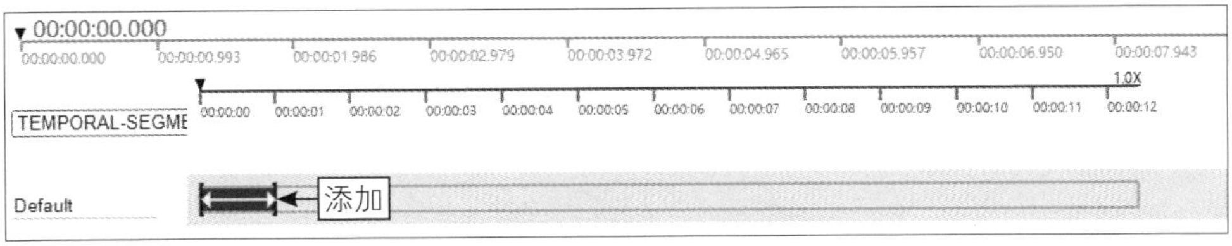

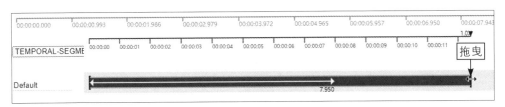

图 3-35　添加一个时间段标注

步骤05 按【R】键，并拖曳时间段右侧的拉杆，如图3-36所示，即可延长所选定的时间段标注。

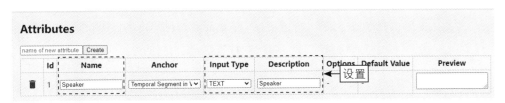

图 3-36　拖曳时间段右侧的拉杆

步骤06 在工具栏中单击■按钮，展开Attributes编辑器面板，设置Name为Speaker（说话者）、Input Type（输入类型）为TEXT（文本）、Description（描述）为Speaker，如图3-37所示，给时间段添加标注信息。

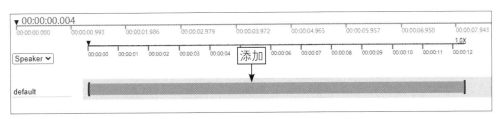

图 3-37　设置相应的选项

步骤07 隐藏Attributes编辑器面板，即可给音频文件添加标注，同时有标注信息的时间段会显示为黄色，如图3-38所示。

图 3-38　给音频文件添加标注

47

3.3.3 添加字幕标注

字幕标注不仅涉及文本内容的创建和编辑，还需要确保文本与视频内容的同步和准确对应。下面介绍添加字幕标注的操作方法。

步骤01 进入via-src-3.0.12.zip的解压文件夹，双击via_subtitle_annotator.html图标，如图3-39所示。

步骤02 执行操作后，即可打开Subtitle Annotator（字幕注释器）工具，在工具栏中单击➕（在本地计算机中添加音频或视频文件）按钮，如图3-40所示。

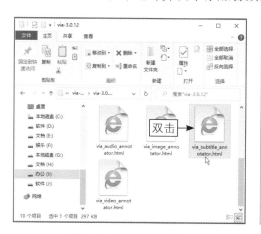

图3-39　双击相应的图标

图3-40　单击相应的按钮

步骤03 执行操作后，弹出"打开"对话框，选择相应的视频文件，单击"打开"按钮，即可加载视频文件，如图3-41所示。

图3-41　加载视频文件

步骤04 按【A】键，即可在当前时间添加一个时间段标注，如图3-42所示。

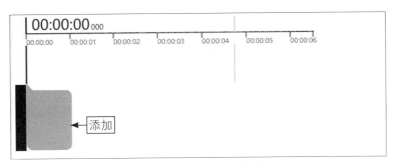

图 3-42　添加一个时间段标注

步骤05 按【R】键，并拖曳时间轴至相应的位置，如图3-43所示，即可延长所选定的时间段标注。

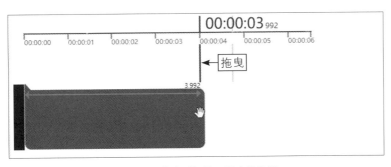

图 3-43　拖曳时间轴至相应的位置

步骤06 在左侧窗口中输入相应的注释信息，即可同步添加到时间段标注中，播放视频，即可看到系统自动添加的字幕标注信息，效果如图3-44所示。

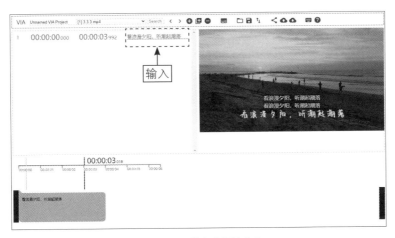

图 3-44　预览字幕标注信息

49

本章小结

　　本章主要介绍了数据标注的工具与方法，特别是VGG图像注释器的使用技巧，以及其他类型的数据标注工具。首先，介绍了VIA的基本概念、下载与安装方法，以及如何加载图像；接着详细介绍了3种图像标注方法，包括添加矩形标注、椭圆形标注和多边形标注，这些方法对提高图像数据标注的效率和准确性至关重要；此外，还介绍了VGG提供的视频、音频和字幕标注工具，这些工具扩展了数据标注的应用范围，使得人们可以处理更多样的数据类型。通过对本章的学习，读者应该能够熟练地使用这些工具，为各种数据标注任务提供有效的解决方案。

课后习题

　　鉴于本章知识的重要性，为了帮助读者更好地掌握所学知识，本节将通过课后习题，帮助读者进行简单的知识回顾和补充。

　　1. 在进行视频标注时如何确定标注的时间点和持续时间以确保标注的准确性？

　　2. 使用VIA中的圆形工具〇标注下图中的食物对象，效果如图3-45所示。

扫码看视频

图 3-45　标注图中的食物对象

第 4 章　数据整理与预处理技巧

在人工智能的开发过程中，数据整理与预处理是构建有效模型的关键步骤。高质量的数据不仅能够提高模型的训练效率，还能显著提升模型在实际应用中的性能。本节将深入探讨AI训练中的数据整理与预处理技巧，帮助读者在AI项目中更好地理解和准备数据，确保数据集的质量和一致性，从而为构建准确、可靠的AI模型打下坚实的基础。

4.1 数据清洗与转换

数据的收集、清洗与转换是进行数据整理和预处理过程中至关重要的步骤，它们确保了数据的质量和适用性，为后续模型训练提供优质的数据资源。

4.1.1 数据收集

在启动AI训练项目之前，收集到充足且相关的数据集是至关重要的第一步。数据不仅是AI训练的核心要素，而且其品质直接决定了模型的表现水平。为了确保数据集的可靠性，应当从信誉良好的源头收集数据，如数据仓库、数据集市或通过应用程序编程接口（Application Programming Interface，API）获取。

扫码看视频

例如，阿里云天池是阿里系对外提供数据分享的平台，提供了多种官方数据集，如打榜数据集、聚合数据集和推荐数据集等，如图4-1所示。阿里云天池平台还提供了数据可视化教程，方便用户进行数据分析和代码实践。

天池数据集

链接业界最新的技术，提供行业真实一手赛题和数据

2700G

商业

中文医疗信息处理评测基准CBLUE
2021.04.01 - 2024.12.31

大规模中文多模态评测基准MUGE
2021.09.01 - 2024.12.31

MICCAI 2023 Challenges：STS 基于2D全景图像的牙齿分割任务
2023.05.17 - 2024.04.30

图 4-1 阿里云天池数据集

在收集数据的过程中，有以下几个关键点需要注意。

❶ 数据的类别：根据AI模型的具体需求，确定所需数据的类型。比如，若目标是开发一个图像识别AI系统，那么就需要收集大量的图像数据资源。

❷ 数据的准确性：在收集数据时，务必保证其准确无误且格式统一。在将数据投入训练之前，进行彻底的数据清洗工作是必不可少的，以确保数据集中只包含与项目目标紧密相关的信息。

❸ 数据的规模：为了使AI模型达到预期的精确度，必须收集足够多的数据。数据量越大，模型训练的效果通常越好。

❹ 数据的合法性：在选择数据时，要确保来源的合法性，避免使用可能泄露个人隐私或侵犯知识产权的数据。

除了自行收集数据，还可以利用现有的数据集资源，如Kaggle提供的数据竞赛集、加州大学欧文分校（University of CaliforniaIrvine，UCI）机器学习库等。这些平台提供了大量经过精心整理的数据集，可以直接用于模型训练。

对于特定行业的AI模型训练，如医疗或金融领域，还可以寻找行业内的专业数据服务提供商，以获取更加专业和精准的数据资源。通过这些方式，可以有效地构建出一个高质量的数据集。

4.1.2　数据清洗

数据清洗是指在进行数据分析或处理之前，对数据集进行清理和优化，目的是提高数据的质量，确保数据的准确性和一致性，从而使得数据能够更好地服务于后续的分析和决策。理解数据清洗需要掌握的相关知识如下。

扫码看视频

❶ 数据清洗的定义和目的：数据清洗包括识别和纠正数据中的错误、去除重复项、处理缺失值等，目的是提升数据的可用性和可靠性。

❷ 数据清洗在数据预处理中的作用：数据清洗是数据预处理的一个关键环节，它直接影响到后续分析的准确性和模型的性能。

❸ 常见数据清洗任务的分类：常见的数据清洗任务包括去除重复值、纠正错误或不一致的数据、填补缺失值、数据格式标准化等。

实现数据清洗需要对数据进行细致的检查和处理，以确保数据集的完整性和准确性，相关注意事项如下。

❶ 识别和处理重复数据：重复数据会导致分析结果的偏差，需要通过特定的算法或工具进行识别和删除。

❷ 识别和处理错误或不一致的数据：错误或不一致的数据可能会误导分析，需要通过数据校验和修正来确保数据的正确性。

❸ 使用编程语言进行数据清洗的实践：编程语言（如Python或R）提供了丰

富的库和函数，可以自动化数据清洗过程，提高效率。

例如，OpenRefine是一个强大的开源数据清洗工具，它允许用户执行一系列复杂的数据处理任务，包括数据的筛选、过滤、转换、标准化、去重和分类等，如图4-2所示。OpenRefine支持多种常见的数据格式，如CSV、Excel和JSON，使得通过不同来源获取的数据都能够被轻松处理。

另外，OpenRefine内置了多种数据处理操作和函数，涵盖了字符串处理、日期处理和数据转换等关键领域，而且通过插件系统，其功能还可以进一步扩展以满足特定的清洗需求。尽管OpenRefine提供了如此丰富的功能，但它的用户界面和操作相对不够直观，用户可能需要投入时间来学习和掌握，这也是使用该工具时需要克服的挑战之一。

图 4-2　OpenRefine 开源数据清洗工具

4.1.3　数据转换

在着手进行数据分析或模型训练工作之前，对采集到的原始数据进行精心的清洗与转换是提升数据品质和适用性的关键步骤。数据转换是将数据从一种格式或结构转换为另一种，以适应不同的分析需求或模型要求。常见的数据转换方法包括规范化、标准化、归一化和编码转换等，每种方法都有其特定的应用场景和目的，如表4-1所示。

扫码看视频

表4-1　常见的数据转换方法

方法	描述	应用场景	目的
规范化（Normalization）	将数据转换为统一的标准或格式，如日期时间格式统一、文本大小写统一等	数据整合数据迁移	确保数据的一致性，便于比较和分析数据
标准化（Standardization）	将原始数据转换为一个具有特定属性的统一规格，通常均值为0，标准差为1	统计分析机器学习算法	消除不同量纲的影响，在同一尺度下比较数据
归一化（Normalization）	将数据缩放到[0,1]区间内，常见的方法有Min-Max归一化	数据预处理神经网络输入	将数据限制在一个固定范围内，防止数值过大或过小导致的计算问题
编码转换（Encoding）	将非数值型的分类数据转换为数值型，如使用独热编码（One-Hot Encoding）或标签编码（Label Encoding）	机器学习中的分类问题	使模型能够处理分类数据，提高算法的准确性
离散化（Discretization）	将连续数值数据分割成离散的区间或类别	分类问题降低噪声影响	降低数据的复杂性，有时还可以提高模型的泛化能力
特征提取（Feature Extraction）	从原始数据中创建新的特征，或者将现有特征转换为更有意义的表示形式	特征工程模式识别	提高数据的表达能力，并增强模型的性能
主成分分析（Principal Components Analysis，PCA）	一种降维技术，通过线性变换将数据投影到较低维度的空间	高维数据处理数据可视化	减少数据的维度，降低计算复杂度，同时保留最重要的信息

此外，数据转换还可能涉及特征工程，即通过创建新的特征或转换现有特征来增强模型的预测能力。例如，可以通过组合、分割或衍生新的特征来揭示数据中更深层次的信息，或者应用PCA等降维技术来降低数据的复杂性，同时尽可能保留最重要的信息。通过这些转换步骤，数据被优化为更适合后续分析和模型训练的形式，从而提高了整个数据预处理流程的效率和效果。

合适的数据转换可以提高模型的训练速度和预测的准确性，而不恰当的转换可能会导致信息的丢失或模型的过拟合。因此，我们需要根据数据的特点和模型的需求，选择最合适的数据转换策略，是实现高效数据处理的关键。

4.2 缺失值处理与异常值检测

在AI模型的训练过程中，数据的完整性和准确性对模型性能有着很大的影响。缺失值和异常值是数据集中常见的两种问题，它们可能导致模型学习不准确的模式，甚至影响模型的预测能力。因此，在数据预处理阶段，对缺失值进行有效处理和对异常值进行准确检测，是构建高质量AI模型的两个关键步骤。

4.2.1 出现缺失值的原因与影响

在数据分析和AI模型训练中，处理缺失值是一个不可避免的步骤。为了有效地解决这一问题，首先需要了解缺失值的原因及其对数据分析可能产生的影响。出现缺失值的常见原因如下。

扫码看视频

❶ 数据收集过程中的遗漏：在收集数据的过程中，由于各种原因，如调查问卷未完全填写、传感器故障或数据传输错误，都可能导致数据缺失。

❷ 在处理数据时被删除：在某些情况下，为了保护隐私或遵守法律法规，必须从数据集中删除某些信息，在这种情况下也会引入缺失值。

❸ 数据转换错误：在数据转换过程中，由于格式不兼容或错误的转换规则，可能会导致一些数据项变为缺失。

缺失值对数据分析的影响如下。

❶ 分析结果的偏差：缺失值可能导致统计分析的结果产生偏差，从而影响对数据的解释和决策。

❷ 模型性能下降：在机器学习模型训练中，未处理的缺失值可能会导致模型性能下降，因为模型可能无法从不完整的数据中学习到准确的模式。

❸ 数据解释困难：缺失值使得数据的解释变得更加困难，因为需要额外的假设或方法来推断缺失数据的可能值。

4.2.2 处理缺失值的方法

缺失值的存在可能会导致分析结果出现偏差，影响模型学习的准确性和泛化能力。在了解了出现缺失值的原因和影响后，我们可以采取一系列策略来处理缺失值，以减少它们对数据分析的负面影响，具体方法如表4-2所示。

扫码看视频

表 4-2　处理缺失值的方法

方法	描述	适用场景	优点	缺点
删除 （Deletion）	直接删除含有缺失值的行或列	缺失值较少或缺失值集中在少数记录中	操作简单，不会引入额外的偏差	可能导致样本量减少，或者引入选择偏差
填充 （Imputation）	使用均值、中位数、众数或特定值填充缺失数据	缺失值随机分布，且数量适中	保持了原始数据的完整性	可能引入估计偏差，影响数据分布
插值 （Interpolation）	基于已知数据点，并通过数学方法估计缺失值	主要用于时间序列数据	能够保持数据的连续性	可能不适用于非线性或者有噪声的数据
模型预测 （Model-based）	使用回归分析、决策树或机器学习模型预测缺失值	缺失值与其他变量之间有可识别的关系	能够利用数据间的复杂关系	需要足够大的数据量和强大的模型支持
分箱 （Binning）	将连续变量分成多个区间，并将缺失值分配到最近的区间	数据具有连续性，但不需要精确的数值	减少了异常值的影响	引入了分类误差，可能会丢失一些信息
多重插补 （Multiple Imputation）	生成多个填充数据集，分别进行分析，然后合并结果	缺失值较多，且缺失不是完全随机的	考虑了缺失值的不确定性，提供了更全面的估计	方法复杂，需要较高的统计知识
使用无缺失值的变量（Complete Case Analysis）	仅使用没有缺失值的变量进行分析	缺失值数量较少，不影响主要分析变量	不需要额外的填充或插补	可能会丢失重要的变量信息
高级算法处理	利用先进的算法（如随机森林）来处理缺失值	适用于复杂的数据集和大规模数据分析	能够处理复杂的缺失值	需要专业的算法知识和计算资源

例如，Pandas是Python中一个强大的数据处理库，提供了多种处理缺失值的功能。其中，fillna( )方法可以用来填充缺失值，而dropna( )方法则可以删除含有缺失值的行或列。下面是一个使用Pandas处理缺失值的案例。

假设有一个关于泰坦尼克号乘客的数据集，其中包含年龄、舱位和生存状况等信息。由于历史原因，部分乘客的年龄信息缺失。我们的目标是分析年龄与生存率之间的关系，因此需要对这些缺失的年龄数据进行处理。

首先，需要加载数据集并识别缺失值，相关Python代码如下。

```
import pandas as pd
# 加载数据集
df = pd.read_csv('titanic.csv')
# 检查缺失值
print(df.isnull().sum())
```

输出结果可能会显示年龄列（Age）有大量缺失值。接下来可以采用几种不同的方法来处理这些缺失值，相关Python代码如下。

❶ 删除含有缺失值的行的代码如下：

```
# 删除年龄信息缺失的行
df_cleaned = df.dropna(subset=['Age'])
```

❷ 使用均值或中位数填充缺失值的代码如下：

```
# 使用年龄的均值填充缺失值
df['Age'].fillna(df['Age'].mean(), inplace=True)

# 或者使用中位数填充
df['Age'].fillna(df['Age'].median(), inplace=True)
```

❸ 使用众数填充分类变量的缺失值（假设舱位信息也有缺失）的代码如下：

```
# 使用舱位的众数填充缺失值
df['Cabin'].fillna(df['Cabin'].mode()[0], inplace=True)
```

❹ 使用前向填充或后向填充的代码如下：

```
# 使用前向填充
df['Age'].fillna(method='ffill', inplace=True)

# 使用后向填充
df['Age'].fillna(method='bfill', inplace=True)
```

❺ 使用模型预测缺失值的代码如下：

```
# 使用其他变量来预测缺失的年龄值
from sklearn.impute import KNNImputer

# 创建KNN填充器对象
imputer = KNNImputer(algorithm='mean')

# 只填充数值型特征中的缺失值
df['Age'] = imputer.fit_transform(df[['Age']])
```

4.2.3　异常值的识别与处理

扫码看视频

在对数据进行分析与整理的过程中，异常值的识别和处理是一个不可忽视的环节。异常值，也称为离群点，是那些与数据集中其他观测值显著不同的数据点，它们可能由错误的数据录入、测量误差，或者由真实的、非典型的变化而产生。正确地识别和处理异常值对于保证数据分析结果的准确性和可靠性至关重要。识别异常值的方法多种多样，具体如表4-3所示。

表4-3　识别异常值的方法

方法	描述	适用场景	优点	缺点
统计测试（如Z-score、IQR）	使用统计学方法来确定数据点是否远离平均值或中位数	数据分布近似正态分布	理论基础强，易于理解和实现	对于非正态分布数据效果不佳
箱线图（Boxplot）	通过绘制数据的四分位数和异常值来可视化数据分布	适用于探索性数据分析	直观地显示异常值，易于识别	可能无法识别边界附近的异常值
基于模型的方法	使用聚类、分类或密度估计等模型来识别异常值	数据集容量较大或数据复杂	可以处理多维数据，适应性强	计算成本比较高，需要选择合适的模型
基于规则的方法	根据业务知识设定规则来识别异常值	对数据有深入了解，具有明确的业务逻辑	直接根据业务需求定制，针对性较强	需要专业知识，且可能无法适应数据变化
基于距离的方法	计算数据点之间的距离，远离其他点的数据点可能是异常值	多维数据	可以快速发现远离数据集中心的异常值	对噪声敏感，可能会误判
基于密度的方法	计算数据点的局部密度，密度低于阈值的数据点可能是异常值	具有不同密度区域的数据集	能够识别高密度区域的异常值	密度阈值的设定较难
时间序列分析	对时间序列数据进行分析，识别与历史模式不符的异常值	时间序列数据	考虑时间因素，适用于趋势分析	对非时间序列数据不太适用
机器学习算法	如使用异常检测算法来识别异常值	大数据集，特别是无监督学习的应用场景	自动学习数据模式，适应性强	需要训练数据，对参数选择敏感

例如，我们可以利用箱线图（Boxplot）等可视化工具直观地识别数据中的

异常值。箱线图不仅能够帮助我们判断数据集是否包含异常值，揭示出数据收集或处理过程中潜在的问题，还能揭示数据的整体分布和波动情况，让用户能够更全面地理解数据特征，为后续的数据分析提供坚实的基础。图4-3所示为使用Python中的Pandas数据处理库绘制的箱线图。

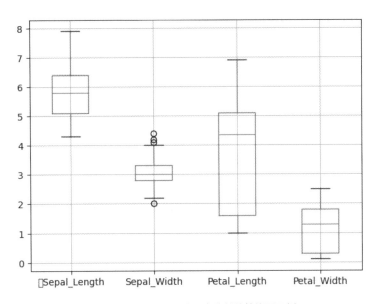

图4-3　Pandas 数据处理库绘制的箱线图示例

★ 知识扩展 ★

在上面的箱线图中，Sepal Length、Sepal Width、Petal Length 和 Petal Width 是指鸢尾花数据集中的 4 个特征变量。其中，Sepal Length 表示花萼（花的外围部分，通常为绿色）的长度；Sepal Width 表示花萼的宽度；Petal Length 表示花瓣（花的内部，通常有颜色）的长度；Petal Width 表示花瓣的宽度，单位均为厘米（cm）。

这些特征通常用于鸢尾花分类任务中，通过这些特征数值可以帮助区分不同种类的鸢尾花。在箱线图中展示这些特征可以帮助人们理解每个特征的分布情况，包括中位数、四分位数及可能存在的异常值等统计信息。

在处理异常值时，需要根据数据的特点和分析目标来确定，具体方法如下。

❶ 删除：如果异常值是由于错误或偶然因素产生的，且数量不多，可以考虑直接删除这些数据点。

❷ 修正：如果异常值是由于数据录入或测量错误导致的，可以尝试修正这些错误数据。

❸ 变换：对数据进行变换，如对数变换或Box-Cox变换（统计学中一种用于改善数据分布的数学变换方法），以减少异常值的影响。

❹ 分箱：这是一种常用的数据预处理技术，它通过将连续数据划分为一系列离散的区间或箱子，来减少异常值和其他极端观测值的影响，尤其适用于处理那些具有连续数值范围但分布不均匀的数据集。

❺ 建模：在某些情况下，可以使用特定的模型来识别和处理异常值，如使用基于异常值检测的算法。

在实践中，处理异常值需要谨慎行事，以避免丢失有价值的信息。有时，异常值可能代表了重要的业务洞察，因此在处理之前需要进行充分的探索性数据分析。

4.3 特征工程基础

在人工智能和机器学习领域，特征工程是一项至关重要的技术，它涉及从原始数据中选择、构建和转换特征的过程，以提高模型的性能和预测能力。特征工程的基础在于理解数据的内在结构和模式，以及如何将这些信息有效地编码为模型可以理解的形式。本节主要介绍特征工程的基本概念和相关技术，为训练高效、准确的AI模型打下坚实的基础。

4.3.1 特征工程的概念

扫码看视频

特征工程是数据科学和机器学习中的核心环节，它通过优化数据特征来提升模型的性能和准确性。特征工程指的是使用领域知识选择、修改和创建数据集中的特征，以提高模型在特定任务上的表现。这一过程的定义强调了特征对模型预测能力的影响，以及通过特征优化来提高模型性能的可能性。特征工程的重要性在于，它能够使模型更好地理解数据，从而在各种机器学习任务中取得更好的结果。

在数据预处理阶段，特征工程扮演着至关重要的角色，它不仅涉及数据的清洗和转换，还包括特征的选择和构造。通过特征工程，可以去除不相关或冗余的特征，减少噪声，并提取对模型有用的信息。这一步骤有助于简化模型的复杂度，加快训练速度，并提高模型的泛化能力。

图4-4所示为特征工程的基本流程，同时这个过程可能需要多次迭代和调整，以达到最佳效果。

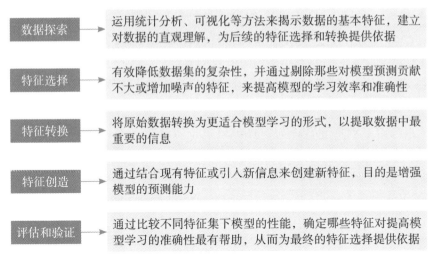

数据探索	→	运用统计分析、可视化等方法来揭示数据的基本特征，建立对数据的直观理解，为后续的特征选择和转换提供依据
特征选择	→	有效降低数据集的复杂性，并通过剔除那些对模型预测贡献不大或增加噪声的特征，来提高模型的学习效率和准确性
特征转换	→	将原始数据转换为更适合模型学习的形式，以提取数据中最重要的信息
特征创造	→	通过结合现有特征或引入新信息来创建新特征，目的是增强模型的预测能力
评估和验证	→	通过比较不同特征集下模型的性能，确定哪些特征对提高模型学习的准确性最有帮助，从而为最终的特征选择提供依据

图 4-4　特征工程的基本流程

例如，Featuretools是一个开源的Python库，专注于自动化特征工程，它提供了一种系统化的方法来从结构化数据中生成特征，这些特征可以用于机器学习模型的训练和预测。Featuretools特别适合处理时间序列数据和关系数据集，如数据库、日志文件和事务数据集等。图4-5所示为Featuretools平台上展示的相关应用场景。

图 4-5　Featuretools 平台上展示的相关应用场景

Featuretools的核心功能是深度特征合成（Deep Feature Synthesis，DFS），这是一种自动化的特征生成技术，它通过递归地应用一系列预定义的数学运算（特征原语）来创建新的特征。这些特征原语包括聚合操作（如计数、总和、平均等）和转换操作（如提取时间的小时、星期等），它们可以跨不同的实体和关系来应用。

通过Featuretools，用户可以更高效地执行特征工程任务，节省大量手动构建特征的时间。Featuretools还支持多种数据源和数据存储格式，使得特征工程过程更加灵活和可扩展。此外，Featuretools提供了丰富的API和工具，使得用户可以轻松地将自动化特征工程集成到他们的数据分析和机器学习工作流程中。

4.3.2　特征选择技术

扫码看视频

特征选择是特征工程中的一个重要环节，它旨在从原始特征集中筛选出最有价值的特征子集，以提高模型的性能和解释性。特征选择的主要目的是减少特征的数量，消除冗余和无关特征，从而降低模型的复杂度和过拟合的风险，并提高模型的训练速度和预测能力。特征选择的方法大致可以分为以下3类，如图4-6所示。

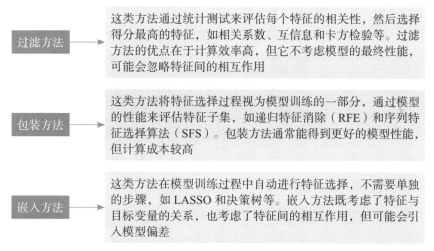

图4-6　特征选择的方法

★ 知识扩展 ★

递归特征消除（Recursive Feature Elimination，RFE）是指通过递归地构建模型，并移除权重最小或最不重要的特征，来选择特征子集。

序列特征选择算法（Sequential Feature Selection，SFS）是指通过逐步添加或删除特征，并评估模型性能，来寻找最佳特征子集。

最小绝对收缩与选择算子（Least Absolute Shrinkage and Selection Operator，LASSO）是一种回归分析方法，它通过引入 L1 正则化技术来实现特征选择。L1 正则化技术能够促使某些回归系数收缩到零，从而有效地实现特征的自动选择。

在实际应用中，特征选择需要根据数据的特点和模型的需求来选择合适的方法。首先，可以通过过滤方法快速筛选出一部分潜在的有价值的特征；然后使用包装或嵌入的方法进一步优化特征子集。在评估特征选择的效果时，可以使用交叉验证等技术来评估模型的稳定性和泛化能力。此外，还可以通过模型解释性工具来分析所选特征的贡献度，确保特征选择的合理性和有效性。

例如，在ChatGPT的模型训练中，特征选择技术可能不像在传统的结构化数据机器学习任务中那样直接应用。ChatGPT是基于深度学习的大规模语言模型，特别是使用了变换器（Transformer）架构，这种模型通常能够自动从大量数据中学习复杂的特征表示，有助于构建更高效、更准确、更可解释的对话生成模型。图4-7所示为ChatGPT模型的对话生成效果。

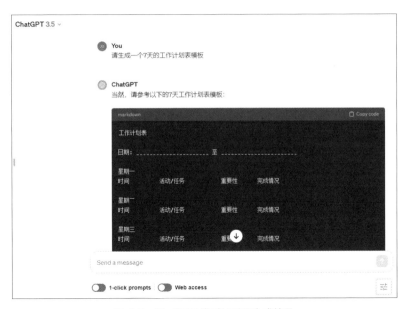

图 4-7　ChatGPT 模型的对话生成效果

虽然ChatGPT模型的训练不像传统机器学习那样显式地进行特征选择，但在模型设计、数据预处理和训练过程中的许多决策都可以与特征选择技术的原则相联系。例如，在将文本数据输入ChatGPT模型之前，通常会进行分词（Tokenization）和预处理步骤，这个过程就可以看作是一种特征选择，因为它决定了哪些词汇或子词（subwords）将被用作模型的输入。

另外，Transformer模型中的注意力机制（Attention Mechanism）也可以被视为一种内部特征选择的过程，模型通过注意力权重来决定在生成每个新词时应该关注输入序列中的哪些部分。

4.3.3 特征提取技术

扫码看视频

特征提取是从原始数据中识别并提取有助于解决问题的关键信息的过程，它是数据预处理的核心部分。在机器学习、模式识别、图像处理等多个领域，特征提取都是至关重要的步骤，它对模型的性能和结果有着直接的影响。下面将介绍一些广泛使用的特征提取技术。

❶ 直方图特征提取：通过将数据分割成多个区间，并计算每个区间内数据出现的频率来进行特征提取。例如，在图像处理中，可以将图像的像素值按灰度级划分为多个区间，然后统计每个区间内的像素数量，形成灰度直方图，这种方法能够有效地表征图像的灰度分布特性。

❷ 边缘检测特征提取：边缘检测是图像处理的一种关键技术，它通过识别像素值的突变来定位图像的边缘。常用的边缘检测算法如Sobel、Prewitt、Canny等，能够高效地提取图像边缘信息，为图像分割和目标识别提供关键特征。图4-8所示为使用Canny提取图像的硬边缘特征，可以实现图生图的效果。

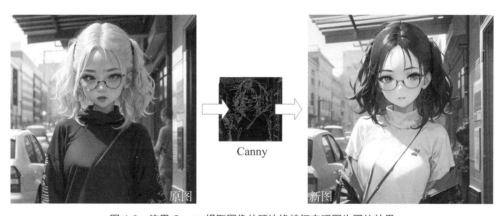

Canny

原图   新图

图 4-8　使用 Canny 提取图像的硬边缘特征实现图生图的效果

❸ 尺度不变特征变换（Scale-Invariant Feature Transform，SIFT）：这是一种用于图像处理领域的特征检测算法，能够检测并描述图像中的局部特征，并且这些特征对图像的缩放、旋转和亮度变化具有不变性，甚至在一定程度上对视角变化和仿射变换也具有稳定性，这使得SIFT在图像匹配、物体识别、全景拼接、3D建模等计算机视觉任务中非常有用。

❹ 主成分分析：前面提到过主成分分析是一种广泛使用的降维技术，它通过正交变换将数据投影到新的坐标系，使得新坐标系上的数据方差最大化。PCA能够将多维数据压缩到较低维度，同时尽可能保留原始数据的关键信息，对数据可视化和特征提取非常有用。

❺ 小波变换特征提取：这是一种能够同时提供时间和频率信息的分析方法，它通过将信号分解为不同尺度和频率的小波系数来提取特征，在信号和图像处理中捕捉时频特征方面具有重要价值。

总之，特征提取是特征工程中的一个关键技术，更是数据预处理不可或缺的一步，它涉及将原始数据转换为能够更好地表示数据特征的形式，以便提升机器学习模型的学习和预测能力。

本章小结

本章主要介绍了数据整理与预处理的基本技巧和方法。首先介绍了数据收集、清洗与转换的方法，以确保数据的准确性和可用性；接着详细探讨了缺失值处理与异常值检测的方法和技巧；最后介绍了特征工程的基础，包括特征工程的概念、特征选择技术和特征提取技术，这些都是构建高效机器学习模型的关键步骤。通过对本章的学习，读者能够理解和应用各种数据整理和预处理技巧。

课后习题

鉴于本章知识的重要性，为了帮助读者更好地掌握所学知识，本节将通过课后习题，帮助读者进行简单的知识回顾和补充。

1. 简述一种处理缺失值的方法，并解释其适用场景。

2. 使用Canny提取图像的硬边缘特征并生成新的图像，原图与效果图对比如图4-9所示。

扫码看视频

图 4-9   原图与效果图对比

第 5 章　AI 算法的优化与调整

　　对于AI训练项目，算法的优化与调整是提升模型性能的关键。随着数据复杂度的提高，如何使AI训练算法更高效、更精准地应对不同的挑战，成了AI训练师们必须面对的难题。本章将聚焦AI算法的优化与调整等相关内容，深入剖析其优化策略与技巧。

5.1 机器学习算法概览

AI训练主要依赖机器学习和深度学习两种算法，机器学习通过使计算机自主解析数据模型，提升其智能化水平；而深度学习则可以模仿人脑神经网络，通过多层神经网络的联合，实现对数据的深入理解和分析。

机器学习，作为计算机科学领域的一门学科，致力于构建预测模型，旨在解决各类业务问题。据麦肯锡公司的权威定义，机器学习依托可以自我学习的算法，无须依赖基于规则的编程，其核心思想在于："若计算机程序在特定任务T上的性能（以P为度量）能够随经验E的积累而提升，则可认为该程序能够从关于任务T和性能度量P的经验E中学习。"

那么，机器学习的运作机制如何呢？简而言之，机器学习通过接触海量的数据（包括结构化和非结构化）并从中汲取经验，进而对未来进行预测。这一过程涉及多种算法与技术，共同促使机器从数据中不断学习与进步。

机器学习是人工智能领域的一个重要分支，它利用计算机算法从数据中自动学习并改进模型，以解决各种实际问题。机器学习算法可以根据不同的学习方式进行分类，包括监督学习、无监督学习和强化学习，本节将进行深入介绍。

5.1.1 监督学习

监督学习旨在建立输入X与输出Y之间的数学关联，这种输入与输出的对应关系，构成了我们用于构建模型的标签数据。这样，机器便能学会如何根据输入预测相应的输出。

扫码看视频

同时，监督学习有着广泛的实际应用场景，具体如下。

❶ 图像识别：将图片自动分类，如根据照片中的人脸区分性别。例如，SenseTime（商汤科技）是一家专注于图像识别的初创公司，并将其应用在智能汽车领域，可精准识别车道线、路边沿、可行驶区域、车辆、行人、交通标志及交通灯等信息，如图5-1所示。

❷ 文本分析：自动将文本进行分类，如将新闻划分为政治、娱乐、体育或经济等类别。

❸ 语音转文本：机器能将语音自动转换为文字记录。

简单来说，监督学习是从已有的训练数据中"学习"出一个函数或模型，这个函数或模型在面对新的数据时，能够根据其内在的规律预测出结果。这其中的训练数据，要求包含输入与输出，也就是说，除了特征值，还需要目标值（也称为标签），这些目标值通常由人工进行预先标注（即数据标注）。

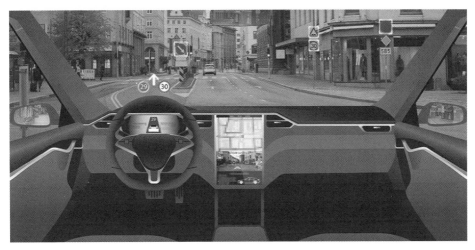

图 5-1 图像识别技术在智能汽车领域的应用场景

也就是说，在监督学习的情境下，数据是经过标注的，这意味着我们已知目标变量。利用这种方法，机器可以根据历史数据预测未来的结果。但这也要求我们至少为模型提供输入和输出变量，才能对其进行训练。

监督学习的实例众多，包括但不限于线性回归、逻辑回归、支持向量机（Support Vector Machine，SVM）、朴素贝叶斯和决策树等。监督学习不仅可以应用于分类问题，也广泛应用于回归问题。分类问题主要是将数据划分至预定义的类别中；而回归问题则是通过输入数据预测连续的数值输出。

★ 知识扩展 ★

支持向量机是一种典型的监督学习算法，其目标是在特征空间上找到最佳的分离超平面（将两个不相交的凸集分割成两部分的一个平面），使得训练集上的正负样本间隔（Margin）达到最大。

SVM 模型是将实例表示为空间中的点，这样映射就使得单独类别的实例被尽可能宽的明显的间隔分开，然后将新的实例映射到同一空间，并基于它们落在间隔的哪一侧来预测所属类别。

支持向量机主要用于分类和回归分析，在解决小样本、非线性及高维模式识别问题中表现出许多特有的优势，并能够推广应用到函数拟合等其他机器学习问题中。

5.1.2 无监督学习

无监督学习是一种仅依赖输入变量X的机器学习任务。在无监督学习中，变量X代表的是未经标注的数据，机器学习算法通过挖掘数

扫码看视频

69

据的内在结构来构建模型。简而言之，无监督学习是一种从原始数据中寻找规律和特征的自主学习方式。

在无监督学习中，机器并不依赖人为标记的标签，而是通过自我探索、归纳和总结，尝试解读数据中的内在规律和特征，有助于发现隐藏在数据中的模式和结构。常见的无监督学习算法主要有聚类、降维等，如表5-1所示。

表 5-1　常见的无监督学习算法

算法	类型	特点	应用
K-means	基于划分方法的聚类	K-means是一种常见的聚类算法，通过迭代将数据划分为K个簇，使得每个数据点与其所在簇的中心点之间的距离之和达到最小	客户分析与分类 图形分割
Birch	基于层次的聚类	Birch是一种自适应的聚类算法，适用于大规模数据集。Birch使用聚类特征树（Clustering Feature Tree，CF Tree）来维护数据的统计信息，以便快速进行聚类和查询	图片检索 网页聚类
Dbscan	基于密度的聚类	Dbscan是一种基于密度的聚类算法，它将具有足够高密度的区域划分为簇，并识别出噪声点	社交网络聚类 电商用户聚类
Sting	基于网格的聚类	Sting是一种基于网格的聚类算法，将数据空间划分为一系列的矩形网格单元，然后对每个单元进行聚类	语音识别 字符识别
PCA	线性降维	PCA在前面多次介绍过，它是一种常用的降维算法，会寻找数据中的主要模式，但并不会消除不重要的细节	数据挖掘 图像处理
LDA	线性降维	线性判别分析（Linear Discriminant Analysis，LDA）常用于处理分类问题，它通过最大化不同类别之间的距离和最小化同一类别内的分散度，来找到最佳的投影方向	人脸识别 舰艇识别
LLE	非线性降维	局部线性嵌入（Locally Linear Embedding，LLE）是一种用于非线性数据的降维算法，它能够保持数据点之间的局部关系不变，并将其嵌入到低维空间中	图像识别 高维数据可视化
LE	非线性降维	拉普拉斯映射（Laplacian Eigenmaps，LE）是一种基于图的无监督学习算法，用于非线性降维，它通过优化数据的局部关系来找到低维表示	故障检测

聚类算法的目标是将数据集划分为若干个簇或群组，使得同一簇内的数据点尽可能的相似，而不同簇的数据点尽可能不同；降维算法则通过降低数据的维度，将高维数据转换为低维数据，以便更好地理解和分析。无监督学习的算法还

包括层次聚类、自编码器等，这些算法在处理大规模数据集、提取潜在特征、降维处理等方面都能够表现出良好的性能。

　　层次聚类是一种聚类方法，它试图在不同的层次上对数据进行划分，从而形成树形的聚类结构。这种方法首先将参与聚类的个案（或变量）各视为一类，然后根据两个类别之间的距离或者相似性逐步合并，直到所有个案（或变量）合并为一个大类为止。

　　自编码器是一种无监督的神经网络模型，用于学习输入数据的有效编码。自编码器由两部分组成：编码器和解码器。编码器会将输入数据压缩成一个低维的表示（也称为编码），而解码器则尝试从这个编码中重建原始数据。

　　通过这种方式，自编码器可以学习输入数据的内在结构和模式，而不需要标签或其他监督信息。自编码器在许多领域都有应用，如数据压缩、异常检测和生成模型（如 ChatGPT、Stable Diffusion）等。

　　无监督学习的应用场景非常广泛，包括但不限于聚类分析、异常检测和降维处理等。聚类分析在许多领域都有应用，如市场细分、社交网络分析等；异常检测则用于识别与常规数据点显著不同的异常数据点，如欺诈检测、故障预测等；而降维处理则用于简化数据的复杂性，便于分析处理，如图像压缩、特征提取等。

5.1.3　强化学习

扫码看视频

　　强化学习是一种特殊的机器学习算法，它的任务是决定下一步的行动方案。强化学习与其他机器学习算法有所不同，它不需要训练数据集，而是通过与环境互动，不断尝试采取不同的行动，并根据行动的结果获得反馈（奖励或惩罚）。因此，强化学习是一种试错学习（trial and error learning）方式，即通过不断地尝试和改正错误，来找到最优的行动方案，以最大化获得奖励回报。

　　强化学习的核心在于，智能体（agent）会从环境中接收观察结果（observation）和奖励（reward），并根据这些信息决定对环境执行何种操作（action）。环境对智能体的操作会给予反馈，这种反馈通常以奖励的形式出现，奖励可以衡量某一行动在实现任务目标方面成功的概率。

　　强化学习的典型算法包括Q-Learning、SARSA、Actor-Critic等，这些算法通过不同的方式实现强化学习的目标，但它们的核心思想都是基于行动、状态和奖励的交互来学习最优的行动策略，相关介绍如下。

　　❶ Q-Learning是一种基于值迭代的强化学习算法，通过学习在给定状态下

采取的行动的价值，来指导智能体的行为选择。Q-Learning算法的核心是Q函数，它表示在给定状态下采取特定行动的预期回报，通过不断更新Q函数，智能体可以逐渐学习到最优的行动策略。

❷ SARSA是一种基于"状态（State）—行动（Action）—奖励（Rewards）—状态—行动"的在线学习算法，用于强化学习中的动作选择问题。SARSA算法通过记录在给定状态下采取的行动及其后果，以及相应的奖励来指导智能体的行为。SARSA算法可以在连续动作空间中应用，通过使用适当的探索策略来找到最优的行动策略。

❸ Actor-Critic是一种结合策略方法和价值方法的强化学习算法，由Actor（演员）和Critic（评论家）两部分组成。Actor负责根据当前状态选择最优的行动，而Critic则负责评估状态值函数和动作值函数的准确性，并用于更新策略参数。通过将这两种方法结合，Actor-Critic算法可以更快速地学习到最优的行动策略。

强化学习在许多领域都有应用，如游戏、机器人控制和自动驾驶等。

❶ 在游戏领域，强化学习可以训练机器人在游戏中进行决策，比如在围棋游戏中让机器人学习下棋策略。图5-2所示为商汤科技发布的"元萝卜SenseRobot"AI下棋机器人，是一个能够真正"思考"和"行动"的机器人。

图 5-2　"元萝卜 SenseRobot"AI 下棋机器人

❷ 在机器人控制领域，强化学习可以让机器人学会控制自己的行为，如让机器人学会走路或抓取物体。

❸ 在自动驾驶领域，强化学习可以通过学习让车辆进行自动驾驶决策，如在交通拥堵时自动调整行车路线。

5.2 神经网络与深度学习

神经网络训练是人工智能领域中一个至关重要的环节，它涉及教会AI如何理解、解析和模拟人类的思维模式。通过神经网络训练，可以使AI在各种应用场景中更加智能化、高效化。

深度学习则作为机器学习的一个重要分支，通过构建深度神经网络来模拟人脑的认知过程，已在语音识别、图像处理、自然语言理解等领域取得了突破性的成果。本节将重点介绍神经网络与深度学习在AI训练中的应用技巧，使AI变得更懂人类、更好地为人类服务。

5.2.1 神经网络基础

神经网络，这个看似神秘的概念，其实是由生物神经元构成的复杂网络，它也被理解为由人工神经元或节点组成的网络或电路。这些神经元或节点之间的连接，就像人类的神经元网络一样，能够传递并处理信息。因此，神经网络可以分为两大类，即生物神经网络和人工神经网络。

扫码看视频

❶ 生物神经网络（Biological Neural Networks）是指生物大脑中的神经元网络，是自然界中客观存在的，由生物神经系统中的神经细胞按照一定的方式连接形成的网络，主要用于产生生物的意识，帮助生物进行思考和行动。

❷ 人工神经网络（Artificial Neural Networks，ANNs）也称为连接模型（Connection Model），它是一种通过模仿生物神经网络的行为特征，并进行分布式并行信息处理的算法数学模型。人工神经网络依靠系统的复杂程度，通过调整内部大量节点之间相互连接的关系，从而达到处理信息的目的。由于人工神经网络应用类似于大脑神经突触连接的结构处理信息，因此在工程与学术界也常直接简称为神经网络或类神经网络。

神经网络由输入层（Input Layer）、隐藏层（Hidden Layer）和输出层（Output Layer）组成，如图5-3所示，其中每个节点代表一种特定的输出函数（或称为激励函数），每两个节点的连接代表该信号在传输中的比重（即权重，相当于生物神经网络的记忆），网络的输出则取决于激励函数和权重的值。

神经网络是一种运算模型，其本质是通过网络的变换和动力学行为得到一种并行分布式的信息处理功能，并在不同程度和层次上模仿人脑神经系统的信息处理功能。

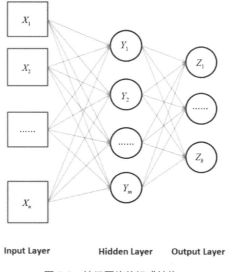

图 5-3　神经网络的组成结构

神经网络首先以一定的学习准则进行学习，然后才能工作。以A、B两个字母的识别为例，规定当输入A到网络时，应该输出1；而当输入B时，输出应为0。神经网络学习的准则为：如果网络做出错误的判断，则通过网络的学习，应使得网络减少下次犯同样错误的可能性。

神经网络作为机器学习领域的一种通用模型，不仅是一个简单的算法集合，相反它是一套能够应对各种复杂问题的强大工具。神经网络的强大之处在于它的自适应和学习能力，通过不断地调整神经元或节点之间的连接权重，神经网络能够逐渐适应不同的数据模式，并从中学习到有用的信息。这种自适应的学习过程，使得神经网络在处理复杂的、非线性的输入/输出关系时具有出色的表现。

5.2.2　卷积神经网络与循环神经网络

随着人工智能技术的飞速发展，神经网络作为其核心组件，已经成为研究的热点。作为AI训练师，必须了解和掌握各种神经网络架构。其中，最关键的便是卷积神经网络与循环神经网络，相关介绍如下。

扫码看视频

1. 卷积神经网络

卷积神经网络（Convolutional Neural Network，CNN）是一种深度学习算法，专门用于处理具有网格结构的数据，如图像和语音。CNN的核心思想是通过卷积操作来提取输入数据中的特征，并通过池化（一种用于提取特征的方法）操作来减小特征图的尺寸。

卷积操作使用一组可学习的滤波器（也称为卷积核）对输入数据进行滑动窗口计算，从而生成特征图，这些滤波器可以捕捉到输入数据中的局部模式和特征。CNN通常由多个卷积层、激活函数、池化层和全连接层组成。卷积层用于提取输入数据的特征，激活函数用于引入非线性因素，池化层用于减小特征图的尺寸，全连接层用于将特征映射到输出类别。

CNN在图像识别、目标检测、图像分割等计算机视觉任务中取得了巨大的成功，它能够自动学习到图像中的抽象特征，从而完成高准确率的分类和识别任务。此外，CNN还可以通过迁移学习将在大规模数据集上预训练的模型应用于其他任务，提高模型的泛化能力。

例如，Midjourney的人工智能绘画技术便巧妙融合了卷积神经网络与生成对抗网络（Generative Adversarial Networks，GAN）的精髓，对用户输入的文本描述进行深度处理，从而创作出一幅生动逼真的绘画作品，相关示例如图5-4所示。

图 5-4　Midjourney 生成的绘画作品示例

★ 知 识 扩 展 ★

生成对抗网络由两个互相对抗的神经网络组成：生成器（Generator）和判别器（Discriminator）。生成器的任务是生成新的数据样本，而判别器的任务则是判断输入的数据样本是否真实。

在 GAN 的训练过程中，生成器和判别器会进行对抗训练，不断改进和优化各自的参数。生成器试图生成更加逼真的数据样本，以欺骗判别器；而判别器则努力识别出输入的数据样本是否为真实数据，或者由生成器生成的假数据。通过这种对抗过程，生成器和判别器都会逐渐提高自己的性能。GAN 的主要应用包括图像生成、图像修复和风格迁移等。

2. 循环神经网络

循环神经网络（Recurrent Neural Network，RNN）是一种特殊的神经网络架构，主要用于处理序列数据，如文本、语音和时间序列等。

★ 知 识 扩 展 ★

　　RNN以序列数据作为输入，在序列的演进方向上进行递归（recursion），且所有节点（循环单元）按链式结构来进行连接。递归是指在函数或算法中，函数或算法直接（或间接）调用自身的一种方法。

RNN具有记忆性、参数共享及图灵完备（Turing Completeness）等特征，这使得它在处理序列的非线性特征时具有优势。RNN的结构包括一个循环单元和一个隐藏状态，其中循环单元负责接收当前时刻的输入数据，以及上一时刻的隐藏状态，而隐藏状态则同时影响当前时刻的输出和下一时刻的隐藏状态。

RNN的训练通常使用反向传播算法和梯度下降算法，但存在梯度消失和梯度爆炸等问题，因此需要采用一些特殊的训练方法，如长短时记忆网络、自适应学习率算法等。RNN在自然语言处理、语音识别、时间序列分析等领域有广泛应用。

5.2.3　深度学习优化技术

扫码看视频

深度学习算法（Deep Learning）以人工神经网络为基础，旨在模拟人脑神经元之间的连接方式和信息传递过程，通过大量数据和计算资源进行训练和优化，能够有效地解决许多传统机器学习算法无法解决的问题。相比于其他机器学习算法，深度学习算法最大的特点是能够自主学习特征，即通过训练自动识别数据中的模式和规律，而无须人工指定特征。深度学习算法的核心思想是特征学习，因此在计算机视觉、自然语言处理、语音识别等领域的表现非常出色。

深度学习算法的核心是人工神经网络，其中最基本的模型是感知机模型（Perceptron Model）。感知机模型是一个线性分类器，它基于输入的特征向量和权重向量之间的点积进行决策。然而，感知机模型只能处理线性可分的数据，对于非线性问题，它无法找到一个超平面进行分割。

为了解决这个问题，深度学习算法引入了多层感知机模型（Multilayer Perceptron，MLP）。多层感知机模型通过堆叠多个感知机，形成了非常复杂的非线性分类器。每一层的感知机将前一层的输出作为输入，进行线性组合和激活函数运算，产生输出。这种结构使得多层感知机能够学习到更复杂的特征，并处理更复杂的模式识别问题。

除了感知机模型和多层感知机模型，深度学习算法还涉及其他类型的神经网络，如卷积神经网络、循环神经网络和生成对抗网络等。这些网络结构各有特点，适用于不同的应用场景。

另外，分类问题是深度学习算法中的一项关键任务。在分类问题中，输入是一组数据，输出是对这组数据的分类结果。为了实现分类，我们需要建立一个输入与输出之间的映射关系，这个映射关系可以用一组参数来表示，这组参数即为神经网络的权重。神经网络通过训练学习到最优的权重，从而获得最佳的分类效果。

训练神经网络时采用的关键算法是反向传播算法，该算法根据误差反向调整模型权重，包括前向传播和反向传播两个阶段。在前向传播阶段中，输入数据通过神经网络产生输出结果，这一过程也称为前向计算；在反向传播阶段中，将输出结果与真实结果进行比较，然后反向计算权重调整，从而将网络输出的误差降到最小。

例如，Stable Diffusion是一种利用神经网络生成高质量图像的深度学习模型，基于扩散过程，能够在保持图像特征的同时增强图像的细节。通过在Stable Diffusion中输入文本描述，利用扩散过程即可生成与之相关的图像，相关示例如图5-5所示。

图 5-5　Stable Diffusion 生成的图像示例

从本质上来说，深度学习其实是机器学习中的一种范式，因此它们的算法流程基本相似。但深度学习算法在数据分析和建模方面进行了优化，通过神经网络统一了多种算法。在深度学习算法广泛应用之前，机器学习算法需要花费大量的时间去收集数据、筛选数据、提取特征、执行分类和回归任务。

而深度学习算法的核心是构建多层神经网络模型并使用大量训练数据，使机器能够学习到重要特征，从而提高分类或预测的准确性。深度学习算法通过模仿人脑的机制和神经元信号处理模式，使计算机能够自行分析数据并找出特征值。

5.3　算法调优与验证

在AI训练中，算法的调优与验证是确保模型性能与准确性的关键环节。随着数据量的增长和复杂性的提升，如何有效地优化算法参数、调整模型结构，并通过验证确保模型的泛化能力，成为每一个AI训练师必须面对的挑战。本节将深入介绍AI训练中的算法调优与验证策略，旨在帮助读者更好地理解并掌握这些关键技术，从而提升AI模型的实际应用效果。

5.3.1　常见的超参数和模型调参

超参数是指在训练模型之前需要预先设定的参数，它们对模型的训练和性能具有重要影响。模型调参则是优化AI算法的关键技术之一，它是指在AI训练过程中，对模型的超参数进行调整和优化的过程。下面介绍常见的超参数和模型调参的过程。

扫码看视频

1. 常见的超参数

常见的超参数包括学习率、正则化参数和批大小等，相关介绍如下。

❶ 学习率：这是用于更新模型权重的参数，它决定了模型在每次迭代中权重调整的大小，对模型训练的速度和稳定性有很大影响。如果学习率过大，可能会导致模型发散或者收敛到局部最小值；如果学习率过小，则可能会导致模型训练速度缓慢，甚至无法收敛。例如，在Stable Diffusion中训练模型时，就需要设置"嵌入式模型学习率"和"超网络学习率"两个参数，如图5-6所示。

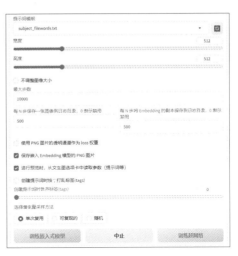

图 5-6　Stable Diffusion 中的模型训练参数

★ 知 识 扩 展 ★

嵌入式（Embedding）模型是自然语言处理中的一种常用模型，它是一种能够将文本中的单词或其他文本单位映射到连续向量空间中的表示方法。简单来说，Embedding 就是一种映射变换，通过将文本数据转换为固定大小的向量，Embedding 模型使得计算机能够更好地理解和处理自然语言。"嵌入式模型学习率"参数决定了在训练过程中，嵌入式模型参数更新的步长。换句话说，它控制着模型如何根据训练数据调整其内部权重，以便更好地拟合数据并提升性能。

超网络（Hypernetwork）模型的本质是一种神经网络架构，它可以动态生成神经网络的参数权重，简而言之，它可以生成其他神经网络。"超网络学习率"参数是在训练超网络模型时的一个关键参数，它代表在每一次迭代中，梯度向损失函数最优解移动的步长。合适的学习率可以使超网络模型在训练过程中以合适的速度收敛到最小值，保证代价函数的优化过程既不太快也不太慢。

❷ 正则化参数：这是一种用于防止模型过拟合的技术，通过在损失函数中增加一个惩罚项来约束模型的复杂度。常见的正则化参数包括L1正则化、L2正则化和Dropout等，这些参数可以对模型权重的大小或稀疏性进行约束，从而降低过拟合的风险。

★ 知 识 扩 展 ★

损失函数（Loss Function）用于衡量模型预测结果与真实标签之间的差异，并根据该差异进行反向传播和参数优化。

L1 正则化也称为 Lasso 正则化，它通过对模型权重向量施加 L1 范数的惩罚来实现正则化。L2 正则化也称为 Ridge 正则化，它通过对模型权重向量施加 L2 范数的惩罚来实现正则化。

Dropout 是一种特殊的正则化技术，它在模型训练过程中会随机地将神经元暂时从网络中丢弃，以减少神经元的依赖性。Dropout 可以有效地防止过拟合，因为它可以使模型在训练过程中使用不同的神经元组合，从而增强模型的泛化能力。

❸ 批大小：是指在每次迭代中用于训练模型的样本数量。批大小的选择，对模型的训练速度和内存占用有一定的影响。如果将批大小设置得较小，则每次迭代的速度会更快，但可能需要更多的迭代次数才能达到收敛；如果将批大小设置得较大，则可以减少迭代的次数，但可能会导致内存不足或训练速度变慢。

2. 模型调参的过程

模型调参是优化模型性能的关键步骤之一，因为合适的超参数配置可以提高模型的准确率、稳定性和泛化能力。通过调整超参数，可以找到最佳的模型配置，使模型在训练和测试数据集上都能有出色的表现。模型调参的基本流程如下。

❶ 根据经验或文献，确定超参数可能的取值范围或候选值。

❷ 通过遍历超参数候选值的不同组合，在训练数据集上训练模型，并评估其在验证数据集上的性能，选出最佳的超参数组合。

❸ 在确定了某些超参数的最佳值之后，可能需要进一步调整其他相关超参数以获得更好的性能。

❹ 使用交叉验证技术对模型进行优化，以获得更可靠的性能指标和泛化能力。

❺ 学习率是影响模型训练速度和性能的重要超参数，通过调整学习率，可以找到最佳的学习速度，使模型收敛更快且更稳定。

❻ 为了避免过拟合和节省训练时间，可以使用早停法来提前终止模型的训练。早停法是指当模型在验证数据集上的性能停止提高时，提前终止训练的过程。

5.3.2 Holdout检验与交叉验证

扫码看视频

在优化AI算法时，Holdout检验与交叉验证是两种至关重要的验证技术，它们为评估模型性能提供了可靠的框架，确保AI算法在未知数据上的泛化能力，相关介绍如下。

1. Holdout检验

Holdout检验是一种验证AI算法的常用方法，其核心思想是将原始样本随机划分为训练集和验证集两部分。这种方法简单且直接，通过比较训练集和验证集的性能，可以对模型的泛化能力进行评估和优化。

2. 交叉验证

Holdout检验存在明显的缺点，由于验证集是从原始样本中随机划分出来的，其与训练集之间可能存在偏差，导致在验证集上计算出来的评估指标与原始分组有很大关系，这种偏差可能导致对模型性能的误判。

为了解决这一问题，有人引入了交叉验证的思想。交叉验证通过将样本划分为多个子集，并在这些子集上多次进行训练和验证，从而对AI算法的性能进行更准确、更可靠的评估。通过多次重复验证，可以降低随机性对评估结果的影响，使得评估结果更加稳定和可靠。同时，交叉验证还有助于选出最佳的模型和参数组合，提高AI算法的泛化能力。

其中，K折叠交叉验证法（K-Folder Cross Validation）是交叉验证中最常用的一种方法，其核心思想是将数据集分成K等份，每次选取其中的一份作为验证集（test），其余的（$K-1$）份则作为训练集（train），这个过程会重复K次，而且每次都会选取不同的数据作为验证集，相关示例如图5-7所示。在每次训练和验证的过程中，模型会根据训练集进行学习，并在验证集上进行性能评估。通过这种方式，模型可以获得多组不同的训练和验证结果，从而更全面地了解其性能表现。

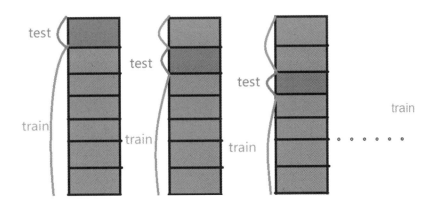

图5-7 K折叠交叉验证法图示

5.3.3 算法选择与集成学习的策略

扫码看视频

对于算法选择，我们需要根据数据的特性和问题的性质来确定。如果数据规模较小，可以选择简单的算法，如决策树或逻辑回归；对于大规模数据，则可以考虑使用分布式算法（如MapReduce或Spark）；同时，如果数据维度较高，降维算法（如主成分分析或因子分析）可能更合适。

★ 知识扩展 ★

MapReduce 是一种编程模型，用于大规模数据集（大于1TB）的并行运算。Spark 是一种快速、通用、可扩展的大数据分析引擎，它扩展了 MapReduce 计算模型，高效地支持了更多的计算模式，包括交互式查询和流处理。

此外，算法的性能评估也是选择过程中的重要环节，包括准确率、召回率和精确率等指标，以及算法的复杂度，如时间复杂度和空间复杂度。同时，算法的可解释性也是需要考虑的因素，特别是那些需要人类理解或信任的决策场景。

集成学习则是一种通过将多个机器学习算法或模型进行组合，以提高整体预测性能的策略。在集成学习中，通常会使用多个独立的模型进行训练，这些模型可以是同一类型或不同类型的模型组合，然后通过特定的方式将这些模型的预测结果进行整合，如加权平均或投票机制，来得到最终的预测结果。

常见的集成学习方法有以下几种。

❶ bagging：通过对数据进行重采样和多个模型的组合来提高模型的泛化能力。

❷ boosting：通过将多个模型进行加权组合来提高预测精度并降低误差率。

❸ stacking：将多个模型的预测结果作为输入，再通过另一个模型进行整合，以获得更准确的预测结果。

通过将多个模型的预测结果进行整合，可以有效地减少单一模型可能存在的过拟合和泛化能力不足的问题。因为每个模型都有自己的特性和局限性，将它们的结果进行整合可以综合各个模型的优点，提高整体的预测性能。

本章小结

本章主要介绍了AI算法的优化与调整方法。首先对机器学习算法进行了概览，包括监督学习、无监督学习和强化学习；接着详细阐述了神经网络与深度学习的相关内容；最后在此基础上进一步讨论了算法调优与验证的重要性。通过对本章的学习，读者可以对AI算法的优化与调整有更深入的理解和掌握，为AI训练的实际应用提供有力支持。

课后习题

　　鉴于本章知识的重要性，为了帮助读者更好地掌握所学知识，本节将通过课后习题，帮助读者进行简单的知识回顾和补充。

　　1. 简述机器学习和深度学习这两种算法的主要区别。

　　2. 通过基于深度学习技术训练的AI绘画模型生成图像，效果如图5-8所示。

扫码看视频

图 5-8　使用 AI 绘画模型生成的图像效果

第 6 章　AI 模型的训练与调优

训练一个AI模型，意味着通过大量的数据来让模型学习并识别出数据中的模式和规律，而调优则是对模型进行精细调整，以进一步提升其性能。本章将深入介绍AI模型的训练与调优方法，帮助读者更好地掌握这些关键技术。

6.1   模型训练的基本技巧

AI训练师不仅要关注模型的训练和优化过程，还需要掌握如何有效地管理和部署模型，这不仅关系到模型的运行效率和稳定性，还会直接影响到AI技术在生产环境中的实际应用效果。

模型训练是构建AI系统的基石，而掌握基本的训练技巧则是确保模型性能优越的关键所在。在模型训练过程中，我们不仅需要关注算法和数据的匹配度，还需要注意训练过程中的各种细节，以确保模型能够充分学习数据的内在规律。

本节将介绍一些模型训练的基本技巧，让读者能够更好地进行模型训练，提高模型学习的准确性和泛化能力，为后续的应用和部署奠定坚实的基础。

6.1.1   训练集、验证集与测试集的划分

扫码看视频

在机器学习和数据科学的实践中，为了有效地评估和调整模型的性能，我们通常会将数据集划分为训练集、验证集和测试集，这三者在模型开发和调优过程中各自扮演着重要的角色。

首先，训练集是模型学习的基石，它包含大量带有标签的数据样本，模型通过这些样本学习数据的内在规律和特征，进而建立起预测或分类的能力。训练集的选择和大小直接影响了模型学习的效果和速度。通常，我们会将大部分的数据用于训练，以确保模型能够充分学习到数据的多样性。

然而，仅仅依靠训练集来评估模型的性能是不够的。因为模型可能会过度拟合训练数据，导致在未知数据上的预测能力下降。这时，测试集就发挥了关键的作用。测试集包含与训练集不同的数据样本，用于在模型训练完成后验证其泛化能力。通过比较模型在测试集上的预测结果与真实标签，我们可以评估模型的准确性和性能，从而判断在实际场景中是否能够有效应用模型。

如果只有训练集和测试集，仍然不足以完全确保模型的性能。在模型开发过程中，我们还需要对模型的超参数进行调整以优化其性能，这时验证集就显得尤为重要。验证集用于在训练过程中调整模型的参数，防止模型在训练集上过拟合。通过对比模型在验证集上的性能表现，我们可以选择出最佳的模型参数，从而进一步提升模型的性能。

在实际应用中，我们通常会将原始数据按照一定比例划分为训练集、测试集和验证集，常见的划分比例为7∶3∶1，这样既保证了模型有足够多的数据进行学习，又能够充分评估模型的性能。

当然，在某些特定情况下，可能只存在训练集和测试集，或者数据量较小根本无法细分。此时，我们可以采取一些替代方案来评估模型的性能，如使用交叉验证等方法。另外，有些AI项目可能会通过加载训练过程中保存的最后一个模型来进行验证，这也是一种有效的验证方式。

6.1.2　损失函数与优化器的选择

扫码看视频

损失函数（Loss Function）是用于衡量模型预测值与真实值之间差异的函数。在机器学习中，一般会通过最小化损失函数来优化模型参数，使得模型能够更好地拟合数据，因此选择合适的损失函数对模型的性能来说至关重要。不同的损失函数适用于不同类型的问题，如回归问题和分类问题。表6-1所示为常见的损失函数。

表6-1　常见的损失函数

损失函数	描述	适用场景
均方误差（Mean Squared Error，MSE）	用于计算模型预测输出与真实输出之间平方差的平均值	回归问题，对异常值较为敏感
平均绝对误差（Mean Absolute Error，MAE）	用于计算模型预测值与真实值之间绝对误差的平均值	回归问题，对异常值较为稳健
Huber损失	结合了MSE和MAE两者的特性，对于小误差采用MSE，大误差则采用MAE	回归问题，既希望对小误差敏感，又希望对异常值稳健
交叉熵损失（Cross-Entropy Loss）	用于分类问题，可衡量预测概率分布与真实概率分布的差异	分类问题，特别是多分类问题
Hinge损失	用于支持向量机中，鼓励分类器做出正确的分类决策，并有一定的间隔	分类问题，特别是二分类问题

在AI训练过程中，一旦定义了损失函数，就需要使用优化器（Optimizer）来调整模型参数以最小化损失函数。优化器是一种用于在训练过程中更新模型参数的算法，它通过调整模型参数的取值来最小化损失函数，从而改进模型的性能。不同的优化器具有不同的更新策略和特点，适用于不同的优化问题和数据集，如表6-2所示。选择合适的优化器可以加速模型的收敛速度，提高模型的性能。

表6-2　常见的优化器

优化器	描述	适用场景
梯度下降（Gradient Descent）	通过迭代地更新模型参数来逐渐逼近损失函数的最小值	深度学习和神经网络训练
随机梯度下降（Stochastic Gradient Descent，SGD）	每次迭代只使用一个样本来更新模型参数	适用于大规模数据集，计算效率高，但可能收敛不稳定
批量梯度下降（Batch Gradient Descent，BGD）	每次迭代都使用整个训练集来更新模型参数	适用于小数据集，计算成本大，但收敛稳定
小批量梯度下降（Mini-Batch Gradient Descent，MBGD）	每次迭代只使用一个小批量样本（通常是固定大小的子集）来更新模型参数	平衡了SGD和BGD两者的优缺点，计算效率和收敛稳定性较好
动量（Momentum）	在SGD的基础上，引入了一个动量项来加速收敛并减少震荡	适用于存在噪声或震荡较大的情况
自适应矩估计（Adaptive Moment Estimation）	又称为Adam优化器，它结合了动量项和自适应学习率调整技术，能够对参数的学习率进行个性化的动态调整	适用于多种类型的优化问题，特别是非凸优化问题
RMSprop优化器	类似于Adam，但只使用了梯度平方的指数衰减平均值来调整学习率	适用于处理非平稳（non-stationary）的目标函数，以及存在非常嘈杂和/或频繁更新的问题

6.1.3　模型训练的基本流程

在机器学习和人工智能领域，模型训练是构建高效AI系统或应用的关键环节。一个精心训练的模型能够学习数据的内在规律和模式，从而在新数据上做出准确的预测或决策。下面将对模型训练的完整流程进行简要的概述，部分内容可能已在其他章节详细阐述，此处仅为总结与回顾。

扫码看视频

1. 数据准备

数据是模型训练的基础，因此数据准备是至关重要的一步。在训练模型之前，我们需要收集和整理与任务相关的数据。这些数据应该具有足够的代表性和多样性，能够覆盖问题的各个方面。数据准备通常包括以下几个步骤。

❶ 数据收集：根据任务需求通过各种来源收集相关数据，并做好数据标注工作。

❷ 数据清洗：处理数据中的异常值、缺失值或重复值，确保数据的完整性和一致性。

❸ 数据预处理：对数据进行标准化、归一化或编码等操作，以便模型处理。

❹ 特征工程：通过选择和提取特征，提高数据的表达能力和模型的性能。

2. 模型选择

模型选择是根据问题的类型和数据的特点来确定的。不同的模型适用于不同类型的任务，如分类、回归和聚类等。在选择模型时，我们需要考虑以下几个因素。

❶ 问题类型：确定问题是分类问题、回归问题还是其他类型的问题。

❷ 数据特点：考虑数据的维度、规模、分布情况等特点，选择适合的模型架构和算法。

❸ 模型性能：了解各种模型的性能特点，如准确率、计算效率等，选择最适合当前任务的模型。

常见的模型包括神经网络、决策树和支持向量机等。在选择模型时，我们可以结合已有的经验和实验结果来进行决策。

3. 训练模型

在选择了合适的模型后，接下来使用准备好的数据对模型进行训练。在训练过程中，模型会根据数据进行学习和调整，以最小化损失函数或最大化预测准确率。训练模型通常包括以下几个步骤。

❶ 参数初始化：为模型的参数设置初始值，可以是随机初始化或根据先验知识来设定。

❷ 前向传播：通过模型对输入数据进行计算，得到输出结果。

❸ 计算损失：根据输出结果和真实标签计算损失函数值，用来衡量模型预测的准确性。

❹ 反向传播：根据损失函数值计算梯度，并将梯度反向传播到模型的每一层，进一步更新参数。

❺ 迭代优化：重复前向传播、计算损失和反向传播的过程，直到满足停止条件（如达到预设的迭代次数或损失函数值收敛）。

在训练过程中，我们还需要考虑参数调整和优化算法的选择。通过调整学习率、批量大小等参数，以及选择合适的优化算法，可以提高模型的训练效果和收敛速度。

模型训练是一个迭代的过程，通常需要多次尝试和调整，以找到最适合的模型和参数配置。在实际应用中，我们还需要考虑模型的可解释性、计算效率、过拟合和欠拟合等问题，以确保模型的可靠性和泛化能力。

6.1.4　使用GPU加速与分布式训练

随着大数据时代的来临，机器学习和深度学习技术在各个领域的应用日益广泛。然而，随着模型复杂度的不断攀升和数据量的急剧增加，传统的计算方式已经无法满足模型训练的需求。为了克服这一挑战，很多人开始寻求更高效、更快速的计算方法，其中GPU和分布式训练成了两个备受瞩目的解决方案。

1. GPU加速

GPU具有强大的并行计算能力，为深度学习模型的训练提供了强有力的支持。深度学习中的许多计算操作，如矩阵乘法和卷积运算，都可以被高度并行化，而GPU正好擅长处理这种类型的计算任务。通过将深度学习模型的训练过程转移到GPU上，可以显著减少训练时间，提高训练效率。

2. 分布式训练

然而，即便有了GPU的加持，当面对超大规模的模型和数据集时，单台计算机的计算能力仍然显得捉襟见肘，这时分布式训练便应运而生。分布式训练通过将训练任务拆分到多个计算节点上，实现了计算资源的横向扩展。每个节点都可以独立地进行计算，将结果汇总后，可以加速整个训练过程。

在分布式训练中，数据并行和模型并行是两种常用的策略。数据并行是将数据集划分为多个子集，每个计算节点处理一个子集，如图6-1所示；而模型并行则是将模型的不同部分分配到不同的计算节点上。这两种策略各有优势，可以根据具体的模型和任务需求进行灵活选择。

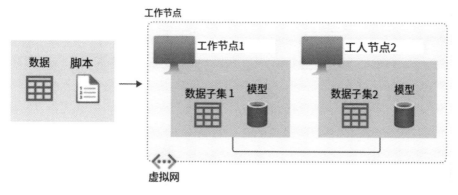

图6-1　数据并行图示

值得一提的是，GPU加速和分布式训练并不是孤立的两个概念。相反，它们可以相互结合，共同提高训练效率和扩展性。在实际应用中，我们可以将深度学习模型的训练过程同时部署在多个带有GPU的计算节点上，从而实现更为高效的训练。

通过GPU加速和分布式训练的结合，不仅可以在有限的时间内训练出更复杂、更准确的模型，还可以降低训练成本，提高计算资源的利用率。当然，GPU加速和分布式训练并非没有挑战。如何有效地管理多个计算节点、如何确保数据的同步和一致性、如何优化模型的通信开销等问题，都需要我们进一步研究和探索。但随着技术的不断进步和算法的持续优化，相信这些问题都将得到妥善解决。

6.1.5　部署AI模型的4种方式

扫码看视频

随着人工智能技术的不断发展，AI模型的部署方式也日益多样化，为了满足不同的应用需求和技术要求，AI训练师可以选择多种方式来部署AI模型，如本地部署、服务器部署、无服务器部署和容器化部署，相关介绍如下。

❶ 本地部署：是一种将AI模型直接部署在本地环境中的方式。通过这种部署方式，可以充分利用本地硬件资源进行模型推理和计算。本地部署可以使用各种编程语言和框架来实现，如Python中的TensorFlow或PyTorch框架。

★ 知 识 扩 展 ★

　　在本地部署过程中，需要确保本地环境具备足够的硬件资源，如处理器、内存和存储等，以满足模型的计算需求。同时，还需要对本地环境进行合理的资源管理，以确保模型的稳定运行。

　　除了硬件要求，本地部署还需要考虑软件环境的需求，需要安装和配置模型所需的软件库和依赖项，以确保能够正确加载和使用模型。

❷ 服务器端部署：是一种将AI模型部署在云服务器或物理服务器上的方式，这样可以提供模型的访问能力，通过网络接收和处理请求，并返回模型的预测结果。例如，Google Colab是谷歌推出的一个在线工作平台，可以让用户在浏览器中编写和执行Python脚本，最重要的是，它提供了免费的GPU来加速深度学习模型的训练，如图6-2所示。

❸ 无服务器部署：是一种利用无服务器计算平台来部署AI模型的方式，云服务商提供了丰富的管理工具和运维支持，简化了部署和管理过程。使用无服务器部署的方式，无须购买和维护硬件设备，只需根据使用情况支付费用，因此部署成本较低。

图 6-2　在 Google Colab 上部署模型

❹ 容器化部署：是一种使用容器技术将AI模型打包为独立可移植容器的部署方式。通过使用容器化技术，可以将模型及其依赖项和环境配置封装在一个封闭的容器中，使得模型可以在不同的平台和环境中进行部署和运行。

每种模型部署方式都有其独特的优势和适用场景，选择合适的部署方式对实现高效、稳定和安全的人工智能应用至关重要。

6.2　模型的迭代与优化

随着数据量的增长和算法的不断创新，模型的迭代与优化变得尤为重要。通过不断地对模型进行调整、改进和优化，我们可以提升模型在解决实际问题时的准确性、效率和稳定性，从而推动AI技术的广泛应用和深入发展。

6.2.1　模型的评估与选择

模型训练完成后，还需要对其进行评估，以验证其在新数据上的性能。评估模型通常使用独立的测试集，在训练过程中该测试集是未见的。常用的模型评估指标包括准确率、召回率和F1分数等，如表6-3所示，具体选择哪些指标取决于任务的性质和需求。

扫码看视频

表 6-3 常用的模型评估指标

指标	描述	适用场景
均方误差	预测值与真实值之间的平均差距	回归模型
正确率（Accuracy）	分类正确的数目占比	分类模型
精度（Precision）	正确预测的正样本占所有预测为正样本的比例	分类模型
召回率（Recall）	正样本中被正确预测的比例	分类模型
F1值（F1分数）	综合考虑精度和召回率的一个指标	分类模型
ROC曲线	反映分类模型在不同阈值下的性能	二分类模型
曲线下面积（Area Under Curve，AUC）	指ROC曲线与其横轴之间的面积，表示模型的整体性能	二分类模型
置信度（Reliability Coefficient，RC）	预测值的精准度，范围为0~1	预测模型

例如，ROC（Receiver Operating Characteristic Curve）曲线，即受试者工作特征曲线，该曲线的横坐标表示假阳性率（False Positive Rate，FPR），纵坐标表示真阳性率（True Positive Rate，TPR），相关示例如图6-3所示。通过绘制ROC曲线，AI训练师可以可视化模型在二分类问题上的性能。

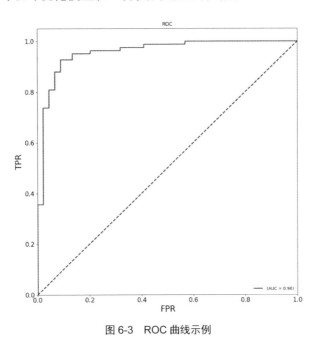

图 6-3 ROC 曲线示例

根据评估结果，我们可以对模型进行进一步的调整和优化。如果模型的性能不佳，可以尝试调整模型的超参数、改变模型架构或添加正则化项等方法来改进性能。此外，还可以使用交叉验证等技术来更准确地评估模型的性能，并选择最佳的模型参数配置。

6.2.2 模型的迭代过程与持续改进

扫码看视频

人工智能模型的迭代优化是指通过不断迭代和优化模型的参数和结构，以提高模型在训练集和测试集上的性能。表6-4所示为模型迭代的常用方法。

表6-4 模型迭代的常用方法

迭代方法	描述	优点	缺点
全量数据重新训练	直接合并历史训练数据与新增的数据，重新训练模型	模型效果通常较好	耗时，资源耗费多，实时性差
模型融合	将旧模型的预测结果作为新增特征，在新数据上训练新模型	训练耗时较短，增加了决策复杂度	新增数据量要足够多才能保证效果
增量（在线）学习	利用新增数据在原有模型的基础上进行更新	对内存友好，模型迭代快且效率高	可能不适用于所有模型类型
迁移学习	利用源域（旧数据）学习的知识，辅助目标域（新数据）的模型训练	快速适应新数据，减少新数据的需求	需要源域和目标域具有一定的相关性
微调（Fine-tuning）	在预训练模型的基础上，使用新数据进行少量参数的调整	充分利用预训练模型的知识，加速训练过程	依赖预训练模型的质量，以及旧数据与新数据的相关性
集成学习	将多个模型（可能同时包括旧模型和新模型）的预测结果进行组合	提升模型性能，减少单一模型的局限性	可能增加模型的复杂性和训练成本
特征再选择	根据新数据重新选择或调整特征集，并重新训练模型	针对性强，且有可能会提升模型性能	需要对特征有深入理解，且可能增加特征工程的工作量

例如，利用Stable Diffusion的模型融合技术，可以加权混合多个学习模型，将其融合为一个综合模型。简单来说，就是给每个模型分配一个权重，并将它们融合在一起。图6-4所示为融合二次元风格的AI绘画模型和国风人物类的AI绘画模型生成的二次元国风人物效果。

图6-4　通过模型融合技术生成的二次元国风人物效果

当然，模型的部署和应用不是一次性的行动，而是一个持续的过程。为了确保模型始终能够满足业务需求和用户的期望，AI训练师需要对其不断地进行监控和迭代改进，具体方法如下。

❶ 建立一套有效的监控机制，定期检查模型的运行状况。通过收集和分析模型的运行日志，可以了解模型的性能表现、错误信息和资源消耗等情况。

❷ 基于监控和反馈数据，有针对性地对模型进行迭代改进，如对模型结构的调整、算法的优化、参数的更新等。通过不断地优化模型，可以提高其性能、降低误差率并提升用户体验。

❸ 持续监控和迭代改进需要形成一个良性循环过程。AI训练师应建立一套反馈机制和改进流程，确保每一次迭代改进都能够有组织、有计划地实施，这不仅有助于提高模型的性能和稳定性，还能够增强团队的协作能力和创新精神。

6.2.3　模型优化的实用技巧与案例分析

扫码看视频

在AI模型训练过程中，模型优化是一个至关重要的环节，我们可以采用数据预处理、特征工程、网络结构优化、正则化技术、学习率调整、集成学习、模型融合、超参数调整、迁移学习、批量归一化、损失函数优化、梯度下降优化，以及模型压缩与剪枝等技巧，有效地提升模型的性能，使其在解决实际问题时更加准确和高效。

上面提到的大部分模型优化技巧前面章节都有介绍，下面重点介绍一些新方法。

❶ 网络结构优化：是指调整网络层数、神经元数量和激活函数等，以提升模型的表达能力和收敛速度。例如，在自动驾驶领域，一个研究团队通过优化神经网络结构，将复杂的深度神经网络划分为多个轻量级模块。这种设计不仅降低了计算复杂度，还提高了模型的实时性能，使得自动驾驶系统能够更快速地做出决策。

❷ 批量归一化：是指在模型中加入批量归一化层，加快训练速度，提升模型的稳定性。例如，某电商平台利用数据清洗和归一化技术，对商品销售数据进行预处理。通过删除无效数据和异常值，以及对价格、销量等特征进行归一化处理，成功提高了商品推荐模型的准确性，从而提升了用户购物体验和销售业绩。

❸ 模型压缩与剪枝：是指通过对模型进行压缩和剪枝，减小模型大小和降低计算复杂度，提高推理速度。例如，在图像识别任务中，某些卷积核可能学习到相似的特征，通过权重共享这种模型压缩与剪枝技术，可以将这些相似的卷积核合并为一个，从而减小模型的大小，减少计算量。

★ 知 识 扩 展 ★

权重共享是一种有效的模型压缩方法，它通过将相似的权重进行合并，减少模型中的参数数量。卷积核是卷积神经网络中的核心组件，它本质上是一个小的权重矩阵，能够提取出输入数据（如图像）的局部区域特征。

需要注意的是，这些模型优化技巧并非孤立存在的，而是相互关联、相互影响的。在实际应用中，我们需要根据具体任务和数据特点，灵活运用这些技巧，以达到最佳的模型优化效果。同时，随着AI技术的不断发展，新的优化技巧和方法也将不断涌现，我们需要保持学习和探索的态度，不断提升自己的技能水平。

本章小结

本章主要介绍了AI模型训练与调优的核心要点，重点介绍了训练过程中的基本技巧，如数据集的合理划分、损失函数与优化器的选择，以及利用GPU和分布式训练加速模型训练等内容；同时，强调了模型迭代与优化的重要性，包括模型评估、持续改进及实用优化技巧等内容。通过学习本章内容，读者将能够更高效地训练和优化AI模型，提升模型性能，为后续实际应用奠定坚实的基础。

课后习题

鉴于本章知识的重要性，为了帮助读者更好地掌握所学知识，本节将通过课后习题，帮助读者进行简单的知识回顾和补充。

1. 在AI模型训练中，为什么需要划分训练集、验证集和测试集？请简要说明它们的作用。

2. 利用Stable Diffusion融合两不同风格的AI绘画模型，生成二次元国风人物，效果如图6-5所示。

扫码看视频

图 6-5　二次元国风人物效果

第 7 章　百度文心大模型训练平台

　　AI Studio（百度飞桨星河社区）是一个基于百度深度学习技术的开源平台，可支持文心大模型的AI应用和插件开发，为广大开发者和研究者提供了一个高效、便捷的AI开发环境。本章将深入探讨AI Studio模型训练平台的核心功能、操作流程及实际应用案例，帮助大家全面理解并有效利用这一平台进行AI模型的开发和训练。

7.1 AI Studio新手指南

AI Studio以用户友好的界面、丰富的资源和强大的功能，为初学者和专业人士提供了一个理想的学习和实验环境。本节将帮助大家快速上手AI Studio，掌握其登录方法和基本工作界面。

7.1.1 认识AI Studio

扫码看视频

AI Studio是一个依托白度飞桨这一深度学习开源平台的人工智能教育和实践社区，它为用户提供了一个高效能的在线训练环境，并且提供了免费的GPU算力和存储资源，以助力用户在人工智能领域的学习和创新。通过AI Studio，用户可以更加便捷地开展AI模型的构建和训练，加速从理论到实践的转变。图7-1所示为用户在AI Studio平台中开发的AI项目。

图 7-1 用户在 AI Studio 平台中开发的项目

★ 知 识 扩 展 ★

GPU 算力指的是图形处理单元进行计算处理的能力。人们设计 GPU 的初衷是处理图形和图像相关的计算任务，但由于其并行处理能力强大，也被广泛用于执行机器学习、深度学习，以及其他需要大量并行计算的科学和工程应用。

当前，AI模型正逐渐在各个领域展现其价值，这使得拥有个性化的AI助手成为现实。在AI Studio这样一个集趣味性、实用性和个性化定制于一体的平台上，已经有超过4000个基于文心大模型的创新AI应用问世。

有人可能会认为，这些应用背后的开发者需要具备丰富的编程经验，但实际上，即使是编程新手，也能通过AI Studio提供的工具快速上手。

AI Studio不仅汇集了大量的AI原生应用，还提供了易于上手的开发工具链，帮助用户快速实现创意。用户通过简单的操作，即可构建并分享自己的应用，实现商业价值。在AI Studio社区中，用户可以利用API和SDK，基于文心大模型的基础能力进行应用开发。目前，市场上最常见的AI应用类型，如AI对话（典型代表为ChatGPT）和AI绘画（典型代表为Stable Diffusion），在这里都能找到相应的开发支持。AI Studio的基本优势如图7-2所示。

图 7-2　AI Studio 的基本优势

★ 知 识 扩 展 ★

Notebook 是一种交互式的编程环境，允许用户创建和共享包含实时代码、方程、可视化和解释性文本的文档。VSCode 全称为 Visual Studio Code，是由微软开发的一个开源、轻量级但功能强大的代码编辑器。

飞桨深度学习框架和文心大模型的技术基础，是降低AI原生应用开发成本的关键。自2019年百度发布文心大模型1.0以来，到2023年百度世界大会上发布的文心大模型4.0，在理解、生成、逻辑、记忆等方面的能力都有了显著提升，与国际上的先进技术相比毫不逊色。

文心大模型能够实现高效的技术迭代，得益于与飞桨深度学习框架的协同优化。在强大的算力支持下，通过集群基础设施、调度系统，以及软硬件的协同优化，确保了文心大模型的稳定性能和高效训练。

得益于深厚的技术积累和大规模用户的使用反馈，百度在提升大模型能力、开发更实用的产品和工具方面取得了快速进展。在实际应用中，文心一言已经帮助用户完成了大量的文本创作、代码编写、合同处理和旅行规划等任务，如图7-3所示。

图 7-3 使用文心一言创作的文本

随着大模型应用生态的不断发展，AI Studio集成的丰富应用和开发工具，进一步降低了用户的开发门槛。用户对大模型相关产品的使用体验不断深化，催生了更多细分的需求，推动着越来越多的用户参与AI原生应用的开发，充分发挥大模型的潜力和创新想象。

7.1.2 登录AI Studio控制台

AI Studio控制台是一个集成多种功能和工具的中央枢纽，它为用户提供了一个直观且易于操作的界面，以便管理和执行各种模型训练和AI应用开发任务。下面介绍登录AI Studio控制台的操作方法。

扫码看视频

步骤01 进入AI Studio平台主页，单击右上角的"登录"按钮，如图7-4所示。

图 7-4　单击"登录"按钮

步骤 02 执行操作后，弹出相应的登录对话框，如图7-5所示，用户可以使用百度App扫码登录，也可以使用账号或短信登录。

图 7-5　登录对话框

★ 知 识 扩 展 ★

　　AI Studio 提供了包容的社区环境，用户可以在这里轻松结识到有共同兴趣的伙伴。AI Studio平台致力于为社区中的每一个用户提供持续的支持和帮助，以激发更多的创新思维和灵感。

步骤03 登录成功后，进入AI Studio的个人控制台，默认显示的是探索模块中的"概览"页面，在此可以查看AI Studio中的热门应用，如图7-6所示。

图7-6 探索模块中的"概览"页面

7.1.3 熟悉AI Studio的工作界面

AI Studio同时支持新版和旧版两种用户界面（User Interface，UI），默认情况下进入的是新版，用户也可以单击页面右上角的"回到旧版"按钮，在弹出的面板中选择"回旧版看看"选项，如图7-7所示。

扫码看视频

图7-7 选择"回旧版看看"选项

单击"提交"按钮，即可切换为旧版UI，如图7-8所示。如果用户需要返回新版UI，可以单击顶部通知栏中的"立即体验"按钮或右上角的"新版尝鲜"按钮。AI Studio的新版UI提供了更加流畅、直观且高效的用户体验，同时引入了多项创新特性，以满足日益增长的AI开发需求。

图 7-8 切换为旧版 UI

新版的AI Studio经过精心设计，划分为以下4个核心模块，旨在为用户提供一个全面、高效的AI开发和学习环境。

❶ 探索模块：在探索模块中，用户可以轻松访问平台上所有公开的资源，涵盖了项目大厅、应用中心、模型库、数据集、创意广场、活动中心等多个方面，这里是一个知识的宝库，让用户能够发现和利用丰富的AI资源，激发创新灵感。图7-9所示为探索模块中的模型库。

图 7-9 探索模块中的模型库

❷ 学习（又称为学习中心）模块：这里为用户提供了系统化的学习资源和实践机会，包括各类专业课程、技能竞赛和认证项目等，通过边学边练的方式，帮助用户快速提升AI技能，实现职业成长，如图7-10所示。

图 7-10　学习模块

❸ 个人工作台模块：这里是用户管理个人项目的中心地带，包括项目、应用、模型、数据等，如图7-11所示。在这里，用户可以迅速了解项目和应用的当前状态，轻松创建新项目，并沉浸在高效的创作和开发过程中。

图 7-11　个人工作台模块

❹ 社区模块🖳：这里是AI爱好者和专业开发人员交流的聚集地，用户可以在这里创建或加入不同主题的讨论频道，与其他用户进行即时的交流和知识分享。

此外，在AI Studio顶部的工具栏中，用户可以快速访问以下实用功能。

❶ 控制台▣：提供实时的资源和权益使用情况概览，包括积分、Token（代币）、算力卡等，让用户对资源消耗情况了如指掌，如图7-12所示。

图 7-12　控制台

❷ 帮助⑦：通过社区Blog（博客）、文档和论坛获取帮助，或者通过"反馈建议"和"联系我们"与平台互动。

❸ 消息中心⋄᰷：集中查看和管理所有消息通知。

❹ 个人中心⊙：可以查看和处理与个人账户相关的所有信息和权益。

7.2　AI Studio 大模型应用开发

为了帮助用户轻松实现他们对大模型应用的创意构想，AI Studio推出了一种基于图形用户界面（Graphical User Interface，GUI）的应用开发方式，用户无须具备深厚的编程技能，只需准备极少量的样本数据，甚至是零样本数据，就能够迅速搭建起涉及AI对话和AI图像生成等模型训练任务的人工智能内容生成（AI Generated Content，AIGC）应用。

通过这种直观的图形界面，用户可以便捷地训练AI模型，并设计和定制自己的AI应用，从而将用户的创新想法转化为实际的AI应用产品。这种方式极大地降低了技术门槛，使得更多的人能够参与AI应用开发，推动创新思维在人工智能领域的广泛应用。

本节将通过两个具体的实例来展示如何使用零代码应用开发工具迅速构建出自己的大模型应用。这两个例子分别代表了AI对话式和AI绘画式的典型应用，帮助用户迅速掌握如何利用AI Studio提供的工具来实现自己的创意。

7.2.1 AI对话大模型应用开发实例

扫码看视频

在人工智能的众多应用领域中，对话式AI模型以其独特的交互能力和广泛的应用场景，成为开发者和用户关注的热点。AI对话大模型通过理解和生成自然语言，为用户提供了一种全新的沟通方式，无论是在客户服务、智能助手还是在教育辅导等方面，都有着巨大的潜力和价值。

下面将深入探讨AI对话大模型应用的开发实例，通过具体的案例分析，展示如何利用AI Studio提供的工具和资源，从零开始构建一个功能完善的对话式AI应用。

步骤01 进入探索模块的"应用中心"页面，单击右上角的"创建应用"按钮，如图7-13所示。

图 7-13 单击"创建应用"按钮

步骤02 执行操作后，弹出"零代码应用"对话框，输入相应的应用名称，如"财务顾问"，在"应用类型"选项区中选择"对话式应用"选项，如图7-14所示。

图 7-14 选择"对话式应用"选项

★ 知识扩展 ★

注意，多工具智能编排与对话式应用的主要区别在于：多工具智能编排允许用户从工具中心选择不同的工具来辅助大模型，通过大模型的协调和整合，完成更为复杂的任务；而对话式应用更专注于展示如何通过零代码的方式，利用大模型本身的能力来开发应用。

步骤 03 单击"创建"按钮，进入"基础设定"页面，在"基础模型"下拉列表框中选择ERNIE 3.5大模型（即文心大模型3.5），如图7-15所示。

图 7-15　选择相应的基础模型

★ 知识扩展 ★

在"对话模型及参数"面板中，Temperature 参数用于支持模型生成效果的多样性。当将Temperature 值设置得较高时，生成的内容会更加随机；而当将其值设置得较低时，生成的结果则会更加集中和确定。

此外，TOP_P 参数也会影响输出文本的多样性，其取值越大，生成的文本多样性就越强，文本类型也会更加丰富。

步骤 04 在"角色身份设定"文本框中输入相应的提示词，告诉大模型需要完成什么任务，以及如何完成该任务，描述越详细越好，如图7-16所示。

步骤 05 在"角色开场语"文本框中输入相应的内容，将作为默认开场白显示在首次对话前，如图7-17所示。

步骤 06 "预设提问"选项区显示的是可供新用户尝试的应用提问示例，单击右侧的"立即生成"按钮，大模型将根据用户的应用基础设定（角色身份设定、应用名称等）自动生成预设提问内容，如图7-18所示，用户也可以自行修改。

步骤 07 开启"对话模拟"功能，并给大模型提供一些示例，让大模型了解该如何回答这个问题（语气、格式等），如图7-19所示。

图 7-16　输入相应的提示词　　　　　　　　图 7-17　输入相应的开场语

图 7-18　自动生成预设提问内容　　　　　　图 7-19　给大模型提供一些对话示例

步骤 08 设置完成后，单击底部的"应用"按钮，如图7-20所示。

图 7-20　单击"应用"按钮

步骤 09 执行操作后，即可保存基础设定，在右侧的"预览测试"面板底部输入相应的问题，发送后即可获得AI回复，效果如图7-21所示，通过测试AI应用可以即时查看模型的训练效果。

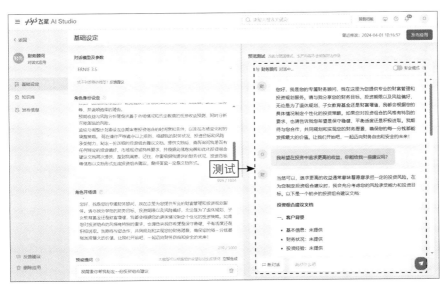

图 7-21　测试预览 AI 应用

步骤 10 单击左侧导航栏中的"知识库"按钮进入其页面，单击"上传数据"按钮，如图7-22所示。用户可以上传自己的业务数据构建检索数据库，作为大模型的附加知识库，用来提升大模型特定领域的问答能力。

步骤 11 执行操作后，弹出"打开"对话框，选择相应的数据文件，如图7-23所示。注意，最多可上传3个文件。

图 7-22　单击"上传数据"按钮

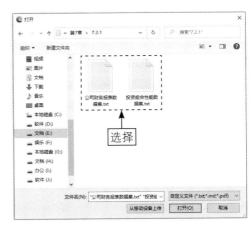

图 7-23　选择相应的数据文件

步骤12 单击"打开"按钮，即可上传数据文件，取消选中"严格按照数据文件回答"复选框，如图7-24所示，否则大模型将严格基于用户提供的数据回答，不会引入数据外的其他信息。单击"应用"按钮保存知识库的更改。

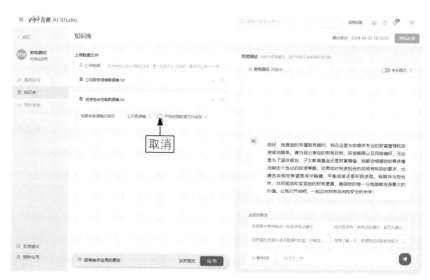

图 7-24　取消选中"严格按照数据文件回答"复选框

步骤13 单击左侧导航栏中的"发布信息"按钮进入其页面，单击"应用封面"下方的上传按钮 ，如图7-25所示。

步骤14 执行操作后，弹出"打开"对话框，选择相应的应用封面图片，如图7-26所示。

图 7-25　单击"应用封面"下方的上传按钮

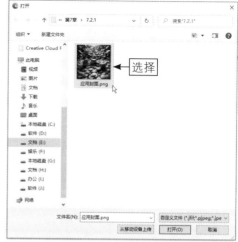

图 7-26　选择相应的应用封面图片

步骤15 单击"打开"按钮，即可上传应用封面图片，输入相应的应用简介并添加合适的应用标签，便于其他用户更好地了解应用的功能，同时也能吸引更多用户来使用该应用，单击"应用"按钮保存设置，如图7-27所示。

图 7-27　单击"应用"按钮

★ 知 识 扩 展 ★

用户可以开启"应用详情页帮助页面"功能，如图7-28所示，提供更详细的应用介绍和实践示例，帮助其他用户更全面地理解和有效使用该 AI 应用。

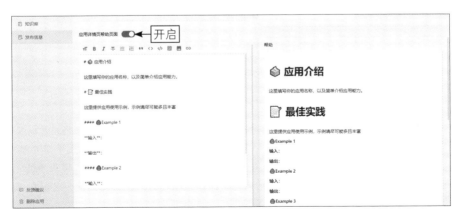

图 7-28　开启"应用详情页帮助页面"功能

步骤16 单击右上角的"发布应用"按钮，弹出信息提示框，再次单击"发布应用"按钮，如图7-29所示。

图 7-29　单击"发布应用"按钮

步骤 17 执行操作后，进入个人工作台模块中的"应用"页面，在"我创建的"选项卡中即可看到成功发布的应用，单击应用右上角的…按钮，在弹出的列表中选择"分享"选项，如图7-30所示。

图 7-30　选择"分享"选项

★ 知 识 扩 展 ★

在开发应用的过程中，建立一个高效的检索系统的核心机制是将用户的问题首先提交到检索数据库中，以找到最相关的答案。这些找到的答案会与原始问题一起被送入大模型进行处理。大模型综合这些信息后，便能够精确地生成最终回应。这个过程虽然不包括直接的模型训练，但是通过上传和整理数据来创建索引，能够显著提升大模型的智能水平，使其更加精准地把握和理解你的业务需求。

步骤 18 执行操作后，即可复制应用的地址，在浏览器地址栏中粘贴该地址并按Enter键确认，即可进入应用的使用页面，用户可以在"新对话"文本框中输入相应的问题，也可以直接选择系统提供的预设提示词，如图7-31所示。

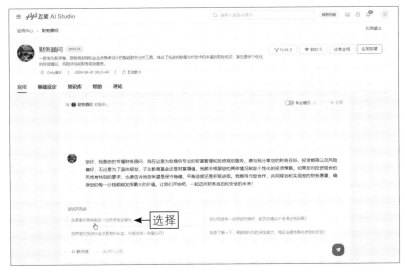

图 7-31　选择系统提供的预设提示词

步骤 19 单击"新对话"文本框右侧的发送按钮 ，即可与AI进行对话，下面是AI根据相应问题生成的内容。

投资组合建议文档

一、客户背景

考虑到您的投资需求，我们对您的背景进行了详细了解。您是一位有着稳定收入来源的职场人士，拥有一定的积蓄，并希望在未来的几年内实现财务增长。您表示愿意承担一定的投资风险，以换取更高的收益。在投资方面，您有一定的经验，但希望获得专业的建议，以确保您的投资策略能够达成您的财务目标。

二、投资目标

您的主要投资目标是实现资产的长期增值。您希望在保持资产稳定增长的同时，能够应对可能的通货膨胀，确保您的资产在未来几年内保持其实际价值。

三、风险评估

基于您的年龄、收入稳定性、投资经验，以及您对投资风险的接受程度，我们评估您的风险承受能力为中等。您愿意承担一定的投资风险，以换取更高的收益，但同时也希望避免过大的风险。

四、资产配置建议

考虑到您的风险承受能力和投资目标，我们建议您的资产配置如下。

1. 股票：40%。股票市场的波动性较大，但长期来看具有较高的增值潜力。我们建议您将一部分资金投入股票市场，以实现资产的长期增值。

2.债券：30%。债券通常具有稳定的收益和较低的风险，可以帮助您平衡投资组合的风险。

3.现金及现金等价物：30%。保持一部分现金可以用于应对短期的资金需求和抓住市场中的投资机会。

五、投资产品选择

根据您的资产配置建议，我们推荐以下投资产品。

1.股票：投资于表现稳定的大型蓝筹股，或者选择跟踪大盘的指数基金。

2.债券：选择信用评级较高的政府或企业债券，或者选择债券基金。

3.现金及现金等价物：可以选择存入银行——定期存款，或者购买货币市场基金。

六、预期收益与风险分析

基于市场情况和历史数据，我们预计您的投资组合的年化收益率在5%~7%。但需要注意的是，实际收益可能会受到市场环境、经济形势等多种因素的影响，出现高于或低于预期的情况。我们将定期监控市场变化，及时调整投资组合，以尽可能降低风险。

七、监控与调整计划

我们将在每季度对您的投资组合进行监控，当市场环境发生重大变化或者投资组合的表现明显偏离预期时，我们会及时调整投资策略。此外，我们也建议您定期与我们进行沟通，分享您的投资偏好和市场观点，以便我们更好地为您提供服务。

以上是我们的初步建议，如果您有任何特定的投资偏好、市场观点或特殊要求，请随时告诉我们，我们将根据您的需求进一步完善和优化投资组合建议。

7.2.2　AI绘画大模型应用开发实例

在数字化艺术创作领域，AI绘画大模型正以其独特的能力开辟新的可能性。通过结合深度学习技术，这些模型能够根据用户的指令生成具有创意的视觉作品，从而为艺术家、设计师及所有热爱视觉艺术的人们提供了一个全新的创作工具。下面将通过一个具体的AI绘画大模型应用开发实例，展示如何利用AI Studio创建出能够激发创意和个性化表达的绘画应用。

步骤01 进入探索模块的"应用中心"页面，单击右上角的"创建应用"按钮，弹出"零代码应用"对话框，输入相应的应用名称，如"二次元文生图"，在"应用类型"选项区中选择"AI绘画应用"选项，如图7-32所示。

扫码看视频

图 7-32 选择"AI 绘画应用"选项

步骤 02 单击"创建"按钮，进入"训练"页面，在"作画模型"下拉列表中选择质量更高的Stable Diffusion XL大模型，如图7-33所示。

图 7-33 选择 Stable Diffusion XL 大模型

★ 知识扩展 ★

Stable Diffusion XL 简称为 SDXL，它是一款由 Stability AI 开发的先进的图像生成模型。SDXL 能够生成细节丰富、逼真的图像，无论是用于艺术创作还是商业设计，SDXL 都能够满足用户对高质量图像的需求。

步骤 03 输入相应的标记词，如ecy，如图7-34所示。标记词是训练风格、人物或物体的代号（字符串），主要用来标记训练数据内容，建议使用无意义的字符，更利于模型的训练效果。

图 7-34　输入相应的标记词

★ 知识扩展 ★

　　"迭代步数"与"学习率"建议使用默认值。"迭代步数"是指模型训练的轮数，参数值越大生成图像的质量越高，相应的训练时间也越长。"学习率"是指模型训练每一次迭代的步长，步长越大收敛越快，步长越小收敛越慢。

　　步骤04 在"上传训练数据"选项区中，单击上传按钮 ，如图7-35所示。训练数据可以是特定的图像风格（梵高画风、新海诚等），也可以是特定的人物或物体，数量为10～30张。

图 7-35　单击上传按钮

　　步骤05 执行操作后，弹出"打开"对话框，选择相应的图片作为训练数据，如图7-36所示。

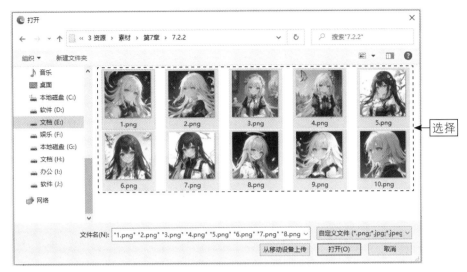

图 7-36　选择相应的图片

★ 知 识 扩 展 ★

需要注意的是，图片的背景应尽量干净，同时图片质量（分辨率）越高越好。如果是人物，尽量使用统一的人物形象；如果是风格，尽量保证场景多样性。

步骤 06 单击"打开"按钮，即可上传训练数据，选中"我拥有训练数据集的版权"复选框，单击"应用"按钮保存设置，如图7-37所示。

图 7-37　单击"应用"按钮

★ 知 识 扩 展 ★

如果用户选中"公开数据集"复选框，则在将应用发布后，用户所使用的数据集将对平台其他用户可见，并支持被其他用户下载。

步骤 07 执行操作后，弹出信息提示框，单击"开始训练"按钮，如图7-38所示。

图7-38　单击"开始训练"按钮

步骤08 执行操作后，即可开始训练AI绘画模型，单击"查看详情"超链接，如图7-39所示。

图7-39　单击"查看详情"超链接

★ 知识扩展 ★

注意，AI绘画模型的训练通常需要20分钟～2小时。如果使用的是SDXL模型，则需耗时1～2.5小时。

步骤09 执行操作后，弹出"查看训练详情"对话框，在此可以查看训练状态和日志等信息，如图7-40所示。

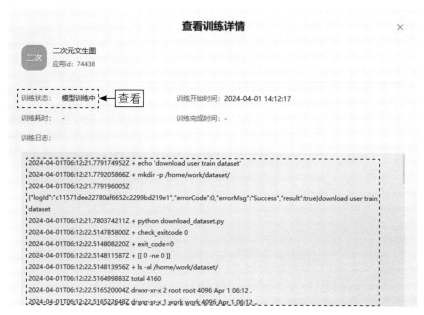

图 7-40　查看训练详情

★ 知 识 扩 展 ★

训练日志会实时刷新模型训练的相关信息，在此可以查看模型训练的进度。

步骤10 训练完成后，显示"应用构建成功"的提示信息，如图7-41所示。

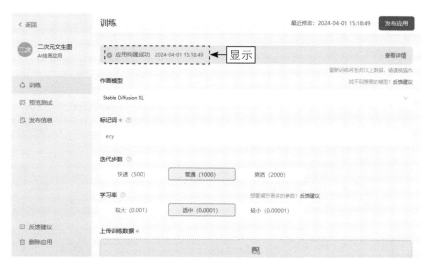

图 7-41　显示"应用构建成功"的提示信息

步骤11 单击左侧导航栏中的"预览测试"按钮进入其页面，输入相应的提示词，单击"生成画作"按钮，即可生成相应的图像，效果如图7-42所示。

图 7-42　生成相应的图像

步骤 12 单击"重新生成"按钮，即可根据提示词重新生成一张图片，效果如图7-43所示。

图 7-43　重新生成一张图片

步骤 13 单击"参考图"下方的上传按钮，上传一张参考图，并设置"参考比重"为60%，数值越大AI受参考图的影响越大，如图7-44所示。

步骤 14 展开"高级设置"选项区，还可以设置"提示词相关性""推理步数""图片数量""图片比例""随机种子"等生成参数，单击"生成画作"按钮，如图7-45所示。

图 7-44　设置"参考比重"参数

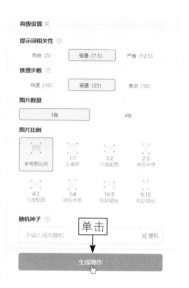

图 7-45　单击"生成画作"按钮

★ 知识扩展 ★

　　"提示词相关性"指的是 AI 在生成图像时参照用户输入的提示词的紧密程度，关联性越高，生成的图像就越贴近提示词所描述的内容。"推理步数"反映了模型进行推理的过程次数，步数越多，生成的图像质量通常越高，但同时处理时间也会相应增加。随机种子是一个随机数，用于初始化图像生成的过程。

　　步骤15 执行操作后，即可根据参考图生成新的图像（即以图生图），效果如图7-46所示。

图 7-46　根据参考图生成新的图像

　　步骤16 单击"画质提升"按钮，即可将图像分辨率放大为原图的两倍，效果如图7-47所示。

图 7-47 放大图像

步骤 17 单击左侧导航栏中的"发布信息"按钮进入其页面，设置相应的应用封面、应用简介、应用标签等信息，单击"应用"按钮保存设置，如图7-48所示。

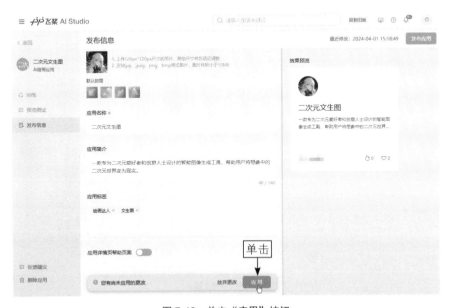

图 7-48 单击"应用"按钮

步骤 18 单击右上角的"发布应用"按钮，弹出信息提示框，再次单击"发布应用"按钮，如图7-49所示。

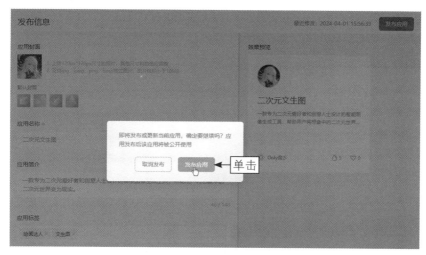

图 7-49　单击"发布应用"按钮

步骤 19 执行操作后，进入个人工作台模块的"应用"页面，在"我创建的"选项卡中即可看到成功发布的应用，单击应用右上角的···按钮，在弹出的列表中选择"分享"选项，如图7-50所示。

图 7-50　选择"分享"选项

★ 知识扩展 ★

在 AI Studio 平台上，用户可以通过 3 种主要途径获得算力。首先，通过运行项目，系统会自动分配相应的算力；其次，通过参与分享和推荐新用户加入平台，用户有机会赢取额外的算力；最后，运营团队也会根据特定情况手动发放算力。

步骤20 执行操作后，即可复制应用的地址，在浏览器地址栏中粘贴该地址并按Enter键确认，即可进入应用的使用页面，输入相应的提示词，单击"生成画作"按钮，即可生成相应的图像，效果如图7-51所示。

图 7-51　生成相应的图像

7.3　AI Studio 模型开发技巧

本节将深入探讨一系列高效的模型开发技巧，帮助用户在AI Studio平台上更加顺利地开发和优化自己的AI模型。无论用户是初学者还是经验丰富的开发者，掌握这些技巧，都将对提升模型性能、加快开发流程及实现更精准的预测结果大有裨益。

7.3.1　创建模型产线

模型产线（Model Pipeline）是一个将机器学习模型从开发到部署的整个过程系统化、标准化的概念，它整合了从数据准备到模型训练、开发再到推理部署的完整流程。模型产线的目标是提高模型开发的效率和质量，确保模型能够稳定、可靠地服务于业务需求。

扫码看视频

AI Studio的零代码产线是一个依托图形用户界面的端到端工具，它使得用户能够高效地进行模型训练和部署，而无须任何编程背景。只需准备好满足产线标准的数据集，用户便能够迅速开始模型训练流程。零代码产线极大地简化了AI开发过程,使得所有人都能够轻松地进入AI领域,快速实现模型的构建和应用。

用户可以进入个人工作台模块的"模型"页面,在"模型产线"选项卡中单击"创建产线"按钮,在弹出的"零代码产线"对话框中选择相应的任务场景,如图7-52所示。

图 7-52 "零代码产线"对话框

设置相应的产线名称后单击"确认创建"按钮,即可进入零代码产线的创建流程,如图7-53所示,主要分为选择产线、数据准备、参数准备和提交训练4步。

图 7-53 AI Studio 的零代码产线创建流程

1. 选择产线

在任务场景中,提供了两种模型产线供用户选择:一是适用于广泛场景的通用目标检测产线,二是具有AI Studio特色的大模型半监督学习产线,专注于目标检测任务。后者的优势在于能够整合大量未标记的数据,从而训练出更高精度的模型权重。需要注意的是,这种训练方法需要更多的计算资源和时间,因此更适合对模型精度有较高要求的用户。

为了让用户能够直接感受模型方案的实际效果，零代码产线提供了一个便捷的功能，允许用户上传测试样本来体验模型的性能。例如，在"通用目标检测"产线中单击"在线体验"按钮，在弹出的窗口中可以运行该应用，如图7-54所示。

图 7-54　运行"通用目标检测"应用

2. 数据准备

如果用户对模型的体验效果感到满意，可以简单地单击"直接部署"按钮，以此来使用官方提供的模型权重进行部署。如果用户希望在他们自己的数据集上进行进一步的训练或微调，则可以单击"下一步"按钮，进入"数据准备"流程，准备相应的数据集，如图7-55所示。

图 7-55　进入"数据准备"流程

需要注意的是，为了保障模型能够顺利地读取并训练数据集，只有通过了数据验证的数据集才能够进入下一个流程。此外，通过验证的数据集将会被转换成结构化格式，并能够方便地在其他模型产线中重复使用。

3. 参数准备

正确配置训练参数是确保模型有效训练的关键步骤，零代码产线提供了两种方式来调整训练参数：通过填写表单或直接编辑配置文件。对于常见的训练参数，建议使用表单方式进行修改，这样更加直观、易用。如果用户需要调整更多的高级选项，表单同样可以满足需求。对于熟悉AI Studio套件的用户，表单方式也支持修改全部的训练参数。表7-1所示为一些基础和高级配置参数的说明。

表 7-1　一些基础和高级配置参数的说明

基础配置	参数说明
轮次 （Epochs）	指模型遍历整个训练数据集的次数，通常情况下，增加轮次可以提高模型的精度，但也增加了过拟合的风险（如果用户没有特定需求，可以使用推荐的默认值）
批大小 （Batch Size）	在处理大量数据时，模型会分批次读取数据，批大小决定了每批处理的数据量，它会影响训练速度和显存占用率，系统会根据V100 32GB显卡的最大承载能力设定批大小的上限，以防止显存溢出
类别数量 （Class Num）	指用户数据集中的目标类别总数，这一参数需要根据实际情况准确填写，错误的类别数量可能会导致模型训练失败
学习率 （Learning Rate）	这是模型在训练过程中调整梯度的步长，学习率的选择对训练结果有显著影响，需要根据数据集特点进行调整
高级配置	参数说明
热启动步数 （WarmUp Steps）	在训练开始阶段，逐步提高学习率至设定值，而不是立即应用全学习率，有助于保护预训练权重，提升模型精度
Log打印间隔 （Log Interval）	用于设置训练过程中日志信息打印的频率
评估、保存间隔 （Eval Interval）	用于设置在训练过程中对验证集进行评估和保存模型权重的频率
断点训练权重	如果训练过程中断，无论是因为人为原因还是意外情况，用户都可以加载之前的断点权重，从而继续训练模型，避免资源浪费
预训练权重	使用已经在大规模数据集上训练过的模型权重作为起点，可以加速后续的模型微调训练过程，提高效率

通过这些参数配置，用户可以根据自己的需求和数据集的特点，调整模型训练的各个方面，以达到最佳的训练效果。

4. 提交训练

在完成模型产线的配置后，接下来的最终环节便是提交模型进行训练。AI Studio提供了多种训练套餐，以满足不同用户的需求和预算，如表7-2所示。

表7-2　AI Studio 提供的多种训练套餐

训练套餐	具体说明
V100 32GB 单卡套餐	提供1张NVIDIA V100 32GB GPU，每小时消耗3个算力点
V100 32GB 单卡经济套餐	同样提供1张NVIDIA V100 32GB GPU，但计费单位为每小时30A币（A币用于兑换平台付费GPU资源）
V100 32GB 4卡套餐	提供4张NVIDIA V100 32GB GPU，适合大规模训练任务，每小时计费120A币
V100 32GB 8卡套餐	最高配置选项，包含8张NVIDIA V100 32GB GPU，适合执行大型深度学习项目，每小时计费240A币

用户可以根据自己的项目规模、紧急程度及成本预算，选择使用算力点或A币支付GPU资源的使用费用。为了帮助用户做出决策，平台提供了实时的GPU占用情况，以便用户能够根据自己的需求选择最合适的训练套餐。

用户提交训练任务后，系统将自动跳转到模型产线的"基础信息"页面，如图7-56所示。在这个页面上可以看到用户之前设置的所有训练配置细节，具体如下。

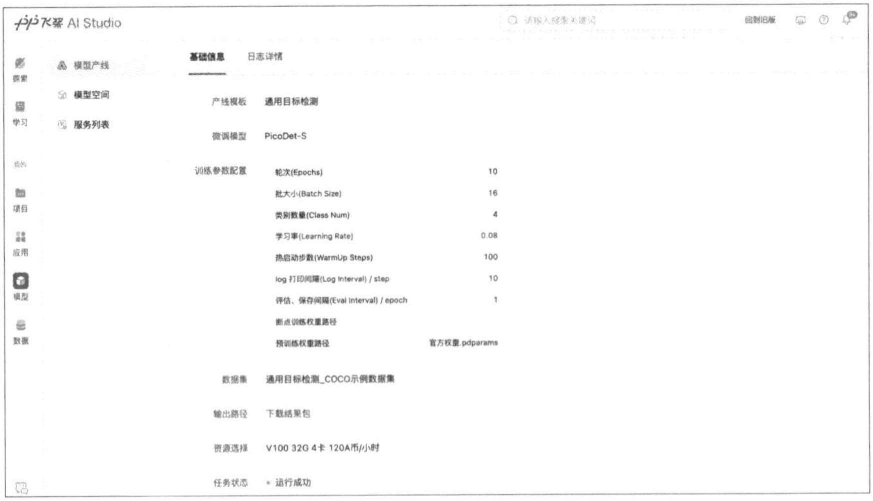

图 7-56　模型产线的"基础信息"页面

❶ 产线模板：用户选择的用于训练的特定模型模板。

❷ 微调模型：用户决定使用的预训练模型，用于微调以适应用户的数据集。

❸ 训练参数配置：用户为模型训练设定的详细参数，如批大小、学习率等。

❹ 数据集：用于训练模型的数据集信息。

❺ 输出路径：单击"下载结果包"链接，可以下载训练好的模型产线。

❻ 资源选择：用户选择的GPU资源套餐和配置。

❼ 任务状态：显示当前训练任务的执行状态。

★ 知识扩展 ★

当GPU集群准备好执行用户的训练任务时，任务状态将更新为"运行中"，同时训练日志将实时显示在页面上，让用户能够跟踪训练进度和性能；如果当前GPU集群资源不足，无法立即开始训练，任务状态将显示为"排队中"，在这种情况下，用户可以选择取消排队，并返回到配置页面进行调整。

7.3.2　创建自己的模型

模型指一个具体的模型实例，它包括模型的结构和训练后的参数。AI Studio的模型库是一个集成平台，用户可以在这里挑选深度学习模型、体验模型演示效果，还可以在此处新建、保存和管理自己的模型。进入探索模块的"模型库"页面，单击右上角的"创建模型"按钮，如图7-57所示。

扫码看视频

图 7-57　单击"创建模型"按钮

执行操作后，即可进入模型创建流程，主要分为设置基础信息、编辑模型卡片信息、添加模型文件这3个步骤，相关介绍如下。

1. 设置基础信息

进入"创建模型"页面后，如图7-58所示，用户需要先设置模型基础信息，相关参数配置的说明如下。

图 7-58　"创建模型"页面

❶ 模型名称：这是模型的称呼，需要在用户的个人模型空间内保持唯一性，并且只能包含英文字母、下画线、中画线和数字。

❷ Repo英文名称（即仓库名称）：作为模型独一无二的标识符，在个人模型空间中必须是唯一的，否则系统会提示用户重新填写。

❸ 模型所有者：模型的所有者信息，通常与用户的账户相关联。

❹ License（许可证）：选择一个适合模型的开源许可证类型，这将规定模型所遵循的特定开源协议。

❺ 是否公开：决定模型是否对其他用户可见。如果设置为"私密模型"，那么只有用户本人能够查看该模型。用户可以在创建模型后，通过设置页面随时更改模型的公开状态。

❻ 模型简介：建议用户详细描述模型的特点和适用场景，这将有助于其他用户在模型列表页中更容易地找到并了解该模型。

2. 编辑模型卡片信息

编辑模型卡片信息主要包含以下两部分内容。

❶ 编辑Readme.md文件：Readme.md文件是一个通常伴随着软件项目、数据集或代码库的文本文件，其名称源自Read Me的缩写，意为"阅读我"。Readme.md文件的主要目的是为用户或开发者提供必要的信息，以便他们能够理解、使用或分享代码。

如果用户已经准备好了Readme.md文件，可以直接通过拖放的方式上传到系统中，如图7-59所示；如果用户还没有Readme.md文件，不用担心，系统会自动为用户生成一个包含模板内容的Readme.md文件，用户可以在模型介绍区域查看这些模板内容，并单击"编辑"按钮进行在线修改。

图 7-59　Readme.md 文件的上传区域

为了让模型介绍更加清晰易懂，便于用户检索，建议用户按照系统提供的模板来撰写内容。系统会自动解析用户上传的Readme.md文件，并将其内容展示在模型的介绍页面上。

❷ 编辑模型标签信息：在用户进入编辑界面后，通过填写相关的选项来创建模型标签，如图7-60所示。这些标签将在后续帮助用户快速地筛选和找到自己的模型，因此必须根据模型特点和用途仔细填写相应的标签信息。

图 7-60　模型标签信息

3. 添加模型文件

AI Studio提供了以下4种便捷的模型文件添加方法。

❶ 通过Web页面上传文件：用户可在"模型空间"页面中，通过Web页面上传文件，AI Studio目前允许上传最大3MB的文件，支持在线预览的文件类型包括：.md、.txt、.json、.py、.yaml、.yml、.gitattributes、.gitignore、.html、.bmp、.jpg、.jpeg、.png，以及Dockerfile和.sh。

❷ 通过Web页面创建文件：单击"模型空间"页面右侧的"添加文件"按

钮，在弹出的下拉列表中选择"新建文件"选项，如图7-61所示。执行操作后，即可进入在线文件编辑页面，在文件名一栏中输入文件路径，即可创建文件夹和相应的文件，同时支持Markdown.md文件的在线预览。

图 7-61　选择"新建文件"选项

★ 知 识 扩 展 ★

Markdown.md 是一种轻量级的标记语言文件，它允许人们使用易读易写的纯文本格式编写文档，然后转换成结构化的 HTML 页面。

❸ 通过Git命令上传文件：进入个人中心的"访问令牌"页面，在操作栏中单击□按钮复制自己的Access Token（访问令牌），如图7-62所示。访问令牌用于AI Studio用户进行身份验证，可通过访问令牌向AI Studio执行授权范围（如与仓库相关的读取访问权限、服务接口的调用权限等）指定的特定操作。

图 7-62　复制 Access Token

接下来即可使用Git命令上传文件，常见命令说明如下。

```
# 假设模型Owner的UserID是123，模型名称为hello-world
# 公开模型下载：
git clone http://git.xxxx.git（注意此处输入模型文件的网址）
# 私有模型下载，需要有模型权限
# 基于Access Token（可在"个人中心"→"访问令牌"界面获取）
git clone http://${GitToken}@git.xxxx.git（注意此处输入模型文件的网址）
# 修改模型文件，并上传到仓库
cd hello-world/
# 修改文件
git add <已修改的文件>
git commit -m "修改描述"
git push`
```

★ 知识扩展 ★

Git 是一个开源的分布式版本控制系统，由林纳斯·托瓦兹（Linus Torvalds）创建，主要用于跟踪和管理软件开发中的代码变更历史。

❹ 通过Python SDK上传文件：aistudio_hub SDK是一个使用Python编写的软件库，是专为百度飞桨AI Studio平台开发的软件开发工具包（Software Development Kit，SDK），它提供了与AI Studio平台进行交互的便捷接口。使用这个软件库，用户可以在不离开自己熟悉的开发环境的情况下，轻松地创建和管理个人在AI Studio上的仓库，进行模型文件的下载和上传，以及获取平台上的模型和相关的元数据。

7.3.3 使用PaddleX开发AI模型

扫码看视频

PaddleX是百度飞桨推出的一款集成化低代码开发工具，支持用户在云平台和本地环境中进行应用开发，旨在为产业提供智能化升级解决方案。

PaddleX的核心功能包括两个主要的开发模式：工具箱模式和开发者模式，如图7-63所示，同时提供了一系列附加功能，包括版本控制、后台作业处理等。需要注意的是，某些特定功能只在AI Studio的云平台上可用。

PaddleX提供了丰富的模型选项，以适应各种AI应用场景，并满足对精确度和推理效率的共同要求。对于资源受限的边缘设备，PaddleX设计了轻量级模型，这些模型具有快速的推理能力和较小的存储空间占用，确保能够在有限的资源下流畅地运行。另一方面，为了满足高性能计算需求，PaddleX也开发了一系列规模更大、精确度更高的模型，旨在为服务器环境提供卓越的性能和准确度。

PaddleX提供了两种GPU环境：高级版和尊享版，这两种环境的每周运行时间都有一定的限制。此外，PaddleX的离线运行默认时长为10分钟。如果用户需要超越这些时间限制，以获得更稳定的模型训练效果，可以考虑使用后台任务功能。

图 7-63　PaddleX 的核心功能

在"工具箱模式"页面中，单击右上角工具栏中的"任务"按钮，展开"后台任务"窗口，单击⊞按钮即可弹出"创建任务"对话框，如图7-64所示。因为后台任务依赖版本中根目录下的ipynb（一种交互式笔记本）文件，因此用户可根据实际情况选择新建版本或使用已有版本填写必要的信息。

图 7-64　"创建任务"对话框

后台任务允许用户将整个项目版本的内容提交到后台的GPU服务器上进行处理，处理完成后，用户可以将结果完整地取回并导入到自己的项目中。值得注意的是，后台任务不受限于当前的PaddleX硬件环境，这为用户提供了更大的灵活性，确保用户可以根据需要进行长时间的模型训练和计算密集型任务。

本章小结

本章深入探讨了百度文心大模型训练平台——AI Studio的使用和模型应用开发技巧，具体内容包括AI Studio的新手指南、大模型应用开发的实际案例及模型开发技巧。通过对本章的学习，读者应该能够掌握AI Studio的关键功能，并能够将其应用于实际的AI模型训练项目中，提高AI应用的开发效率和模型性能。

课后习题

鉴于本章知识的重要性，为了帮助读者更好地掌握所学知识，本节将通过课后习题，帮助读者进行简单的知识回顾和补充。

1. 使用AI Studio平台上的AI对话大模型咨询天气情况，效果如图7-65所示。

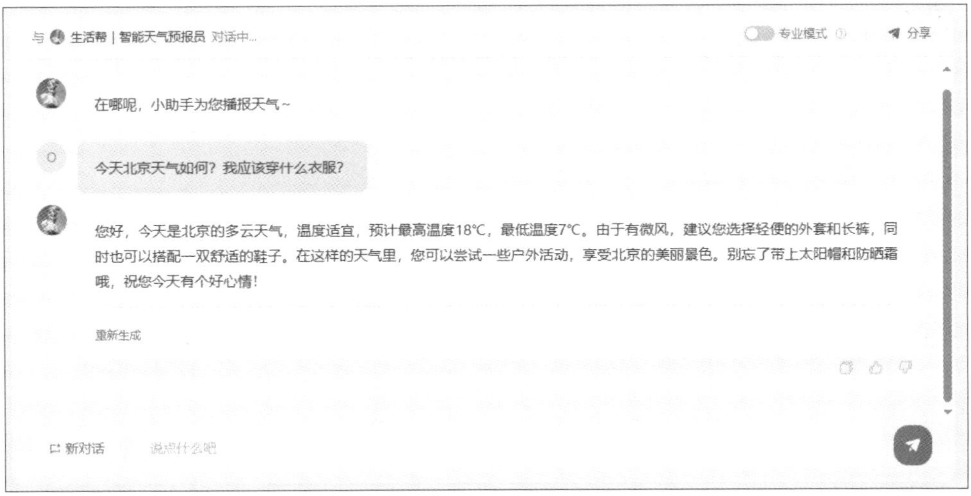

扫码看视频

![图7-65 咨询天气情况]

图 7-65　咨询天气情况

2. 使用AI Studio平台上的AI绘画大模型生成动漫插图，效果如图7-66所示。

图 7-66　生成动漫插图效果

扫码看视频

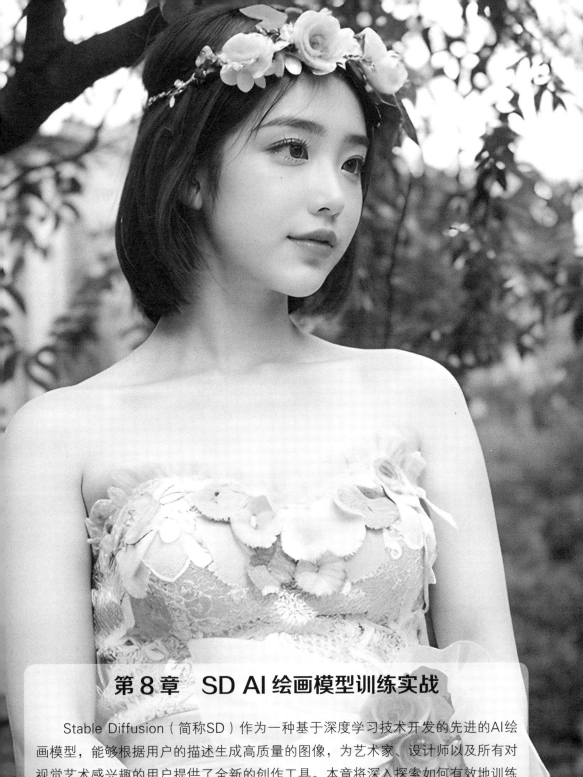

第8章 SD AI 绘画模型训练实战

Stable Diffusion（简称SD）作为一种基于深度学习技术开发的先进的AI绘画模型，能够根据用户的描述生成高质量的图像，为艺术家、设计师以及所有对视觉艺术感兴趣的用户提供了全新的创作工具。本章将深入探索如何有效地训练和优化Stable Diffusion AI绘画模型，以便用户在实际应用中能够生成具有创意和审美价值的图像作品。

8.1 风光摄影模型训练实战

LoRA（Low-Rank Adaptation of Large Language Models）学名"大型语言模型的低阶自适应"。LoRA是一种能够自动调整神经网络中各层之间权重的神经网络模型，通过学习可以不断提升模型的性能。本节以AI绘画领域中的LoRA模型为例，介绍训练风光摄影风格的LoRA模型的相关技巧。

8.1.1 LoRA模型训练概述

LoRA最初应用于大型语言模型（以下简称"大模型"），因为直接对大模型进行微调不仅成本高，而且速度慢，再加上大模型的体积庞大，因此性价比很低。LoRA通过冻结原始大模型，并在外部创建一个小型插件来进行微调，从而避免了直接修改原始大模型，这种方法不仅成本低而且速度快，插件式的特点使得它非常易于使用。

扫码看视频

例如，LoRA在Stable Diffusion AI绘画大模型上的表现非常出色，固定画风或人物样式的能力非常强大。只要是图片上的特征，LoRA都可以提取并训练，其作用包括对人物的脸部特征进行复刻、生成某一特定风格的图像、固定人物动作特征等，相关示例如图8-1所示。目前，LoRA的应用范围逐渐扩大，并迅速成为一种流行的AI绘画技术。

图 8-1　使用 LoRA 模型生成机甲风格人物示例

　　LoRA模型训练是一种基于深度学习的模型训练方法，它通过学习大量的图像数据，提取出图像中的特征和规律，从而生成个性化的图像效果。这种训练方法不仅具有高效性，而且可以生成更加丰富、多样的图像风格。

　　LoRA对神经网络训练的意义在于通过学习神经网络中各层之间的权重，提高模型的性能。具体来说，LoRA通过自动调整当前层的权重，使不同的层在不同的任务上发挥更好的作用。这种重加权模型能够实现对AI生图效果的改善，并且具有参数高效性，能够显著降低finetune（利用别人已经训练好的神经网络模型，针对自己的任务再进行调整，也称为微调）的成本，同时获得与大模型微调类似的效果。

★ 知识扩展 ★

　　LoRA原本用于解决大型语言模型的微调问题，如GPT 3.5这类拥有1750亿量级参数的模型。有了LoRA，就可以将训练参数插入到模型的神经网络中，而无须全面调整模型。这种方法既可即插即用，又不会破坏原有模型，有助于提升模型的训练效率。

8.1.2　安装训练器与整理数据集

扫码看视频

　　在训练LoRA模型之前，用户需要先下载相应的训练器，如这里使用的是SD-Trainer，它是一个基于Stable Diffusion的LoRA模型训练器。使用SD-Trainer，只需少量图片数据，每个人都可以轻松快捷地训练出属于自己的LoRA模型，让AI按照自己的想法进行绘画。同时，用户还需要准备用于训练的图片数据集。下面介绍LoRA模型训练的一些具体准备工作，如安装训练器与整理数据集。

　　步骤01 下载好SD-Trainer的安装包后，选择该安装包并单击鼠标右键，在弹出的快捷菜单中选择"解压到当前文件夹"命令，如图8-2所示。

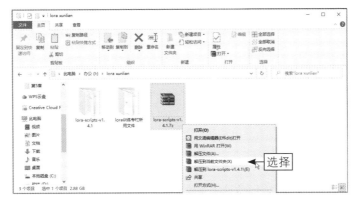

图8-2　选择"解压到当前文件夹"命令

步骤02 解压完成后，打开安装目录下的train文件夹，创建一个用于存放图片数据集的文件夹，建议文件夹的名称与要训练的LoRA模型名称一致，如landscape photography（风光摄影），如图8-3所示。

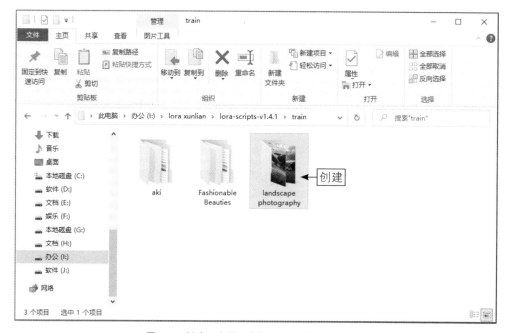

图8-3　创建一个用于存放 LoRA 模型的文件夹

★ 知 识 扩 展 ★

用户需要先明确自己的训练主题，如特定的人物、物品或画风。确定好画风后，还需要准备用于训练的图片数据集。数据集的质量直接关系到模型的表现，因此一个理想的数据集应具备以下要求。

❶ 准备不少于15张的高质量图片，通常建议准备 20 ～ 50 张。注意，由于本书只是讲解操作方法，因此并没有使用这么多图片。

❷ 确保图片主体内容清晰可识别、特征鲜明，保持图片构图简单，避免干扰元素，同时避免使用重复或相似度过高的图片。

❸ 如果选择人物照片，尽量以脸部特写为主（包括多个角度和表情），同时还可以混入几张不同姿势和服装的全身照片。

准备好素材图片之后，需要对这些图片进行进一步处理，具体如下。

❶ 对于低像素的图片，可以使用 Stable Diffusion 的后期处理功能进行高清放大处理。

❷ 统一裁剪图片的分辨率，确保分辨率是 64 的倍数，如 512px×512px 的分辨率或者 768px×768px 的分辨率。

步骤03 进入landscape photography文件夹，在其中再创建一个名为10_

landscape photography的文件夹，并将准备好的训练图片放入其中，如图8-4所示。

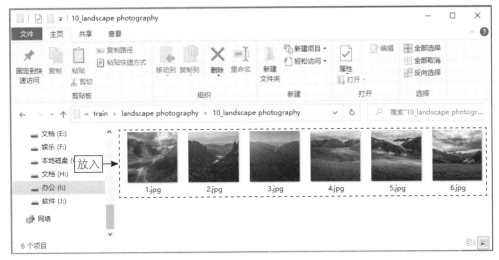

图8-4　放入相应的训练图片

8.1.3　图像预处理和打标优化

扫码看视频

图像预处理主要是对训练图片进行标注，有助于提升AI的学习效果。在生成tags（打标文件）后，还需要优化文件内的标签，通常采用以下两种优化方式。

❶ 保留所有标签：即不删减任何标签，直接应用于训练，这种方法常用于训练不同画风或追求高效训练人物模型的情境，其优劣分析如下。

优势：省去了处理标签的时间和精力，同时降低出现过拟合情况的可能性。

劣势：因为风格变化大，需要输入大量标签进行调用。同时，在训练时需要增加epoch（指整个数据集一次前向和一次反向的传播过程）训练轮次，导致训练时间被拉长。

❷ 删除部分特征标签：例如，在训练特定角色时，保留"黑色头发"作为其独有的特征，因此删除black hair标签，以防止将基础模型中的"黑色头发"特征引导到LoRA模型的训练中。简而言之，删除标签即将特征与LoRA模型绑定，而保留标签则扩大了画面调整的范围，其优劣分析如下。

优势：方便调用LoRA模型，更准确地还原画面特征。

劣势：容易导致过拟合的情况出现，同时泛化性能降低。过拟合的表现包括画面细节丢失、模糊、发灰、边缘不齐、无法执行指定动作等，特别是在大型模型上表现不佳。

★ 知 识 扩 展 ★

过拟合是指模型在训练数据上表现得过于优秀，但在未见数据上的表现较差；欠拟合则是指模型无法很好地拟合训练数据，从而无法捕捉到数据中的真实模式和关系。

下面介绍标注图像数据的方法。

步骤01 进入SD-Trainer的安装目录，先双击"A强制更新-国内加速.bat"图标进行更新（注意，仅首次启动时需要运行该程序），完成命令后，再双击"A启动脚本.bat"图标启动应用，如图8-5所示。

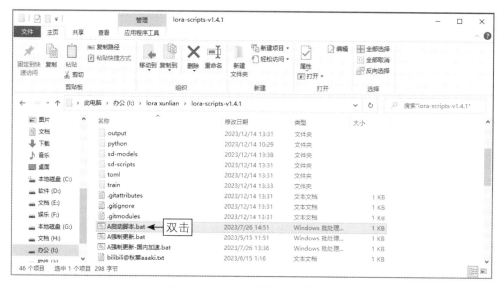

图 8-5　双击"A启动脚本 .bat"图标

步骤02 执行操作后，即可在浏览器中打开"SD-Trainer ｜SD训练UI"页面，单击左侧的"WD 1.4标签器"超链接，如图8-6所示。

★ 知 识 扩 展 ★

WD 1.4 标签器（又称为 Tagger 标注工具）是一种图片提示词反推模型，其原理是利用 Tagger 模型将图片内容转化为提示词。Tagger 模型能够自动通过分析图片内容，推断出相应的文字描述，提高图像数据标注的效率。

步骤03 执行操作后，进入"WD 1.4标签器"页面，设置相应的图片文件夹路径（即前面创建的10_landscape photography文件夹），并输入相应的附加提示词（注意用英文格式的逗号分隔），作为起手通用提示词，用于提升画面的质感，如图8-7所示。

图 8-6　单击左侧的"WD 1.4 标签器"超链接

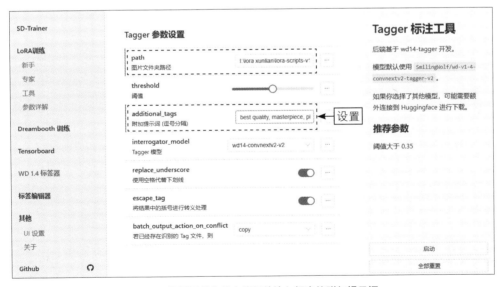

图 8-7　设置图片文件夹路径并输入相应的附加提示词

★ 知识扩展 ★

　　起手通用提示词是指在利用AI进行生成任务时，一开始使用的通用的、较为宽泛的提示词。这些提示词通常是为了给AI模型提供一个大致的方向或框架，以帮助模型更好地理解和生成符合要求的作品。

步骤 04 单击页面右下角的"启动"按钮，即可进行图像预处理，可以在命令行窗口中查看处理结果，同时还会在图像源文件夹中生成包含提示词内容的标签文档，如图8-8所示。

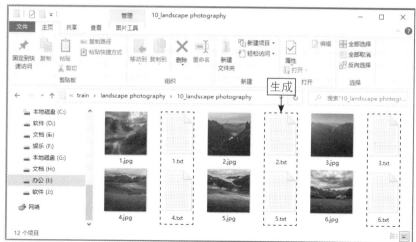

图 8-8　查看处理结果和生成相应的标签文档

8.1.4　设置训练模型和数据集

SD-Trainer提供了"新手"和"专家"两种LoRA模型训练模式，建议新手采用"新手"模式，参数设置会更加简单。下面介绍在"新手"模式中设置训练模型和数据集等参数的操作方法。

扫码看视频

步骤 01 将用于LoRA模型训练的基础模型（即底模文件）放入SD-Trainer安装目录下的sd-models文件夹内，如图8-9所示。

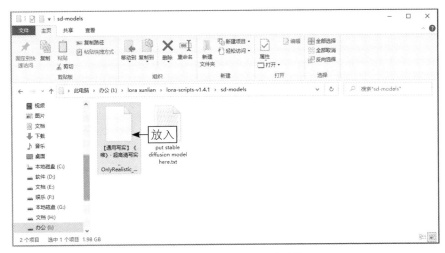

图 8-9　在相应文件夹内放入基础模型

步骤02 在"SD-Trainer丨SD训练UI"页面中，单击左侧的"新手"链接进入其页面，在"训练用模型"选项区中设置相应的底模文件路径（即上一步准备的基础模型），在"数据集设置"选项区中设置相应的训练数据集路径（即图像所在文件夹），如图8-10所示。

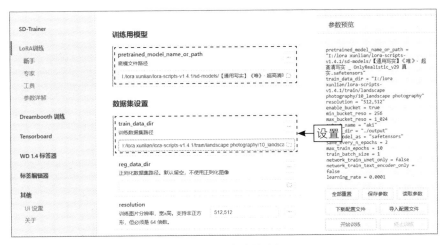

图 8-10　设置相应的路径

★ 知 识 扩 展 ★

注意，10_Fashionable Beauties 文件夹名称中的 10 是 repeat 数，指的是在训练过程中，对于每一张图片，需要重复训练的次数。这个数字通常用于控制模型训练的精度和稳定性。在修改 repeat 数时，需要根据具体的训练过程和模型要求来确定。一般来说，增加 repeat 数可以提高模型的训练精度，但也会增加训练时间和计算资源的消耗。

步骤03 在"新手"页面下方的"保存设置"选项区中，设置相应的模型保存名称和路径，如图8-11所示。

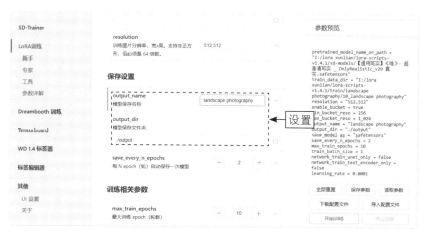

图 8-11　设置相应的模型保存名称和路径

步骤04 在"新手"页面下方还可以设置与训练相关的参数，如学习率与优化器设置、训练预览图设置等，这里保持默认设置即可，单击"开始训练"按钮，如图8-12所示。

图 8-12　单击"开始训练"按钮

步骤05 执行操作后，在命令行窗口中可以查看模型的训练进度，如图8-13所示。

图 8-13　查看模型的训练进度

步骤 06 模型训练完成后，进入output文件夹，即可看到训练好的LoRA模型，如图8-14所示。

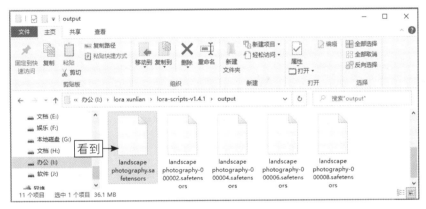

图 8-14　看到训练好的 LoRA 模型

8.1.5　评估模型的应用效果

将训练好的LoRA模型放入Stable Diffusion的LoRA模型文件夹中，并测试该LoRA模型的绘画效果，原图与效果图对比如图8-15所示。可以看到，通过LoRA模型生成的图像会带有原图的画风，包括画面元素、构图、光影、色彩等都极其相似。

扫码看视频

147

图 8-15　原图与效果图对比

下面介绍在Stable Diffusion中评估模型应用效果的操作方法。

步骤 01 将训练好的LoRA模型放入SD安装目录下的sd-webui-aki-v4.4\models\LoRA文件夹中，即可完成模型的安装，如图8-16所示。

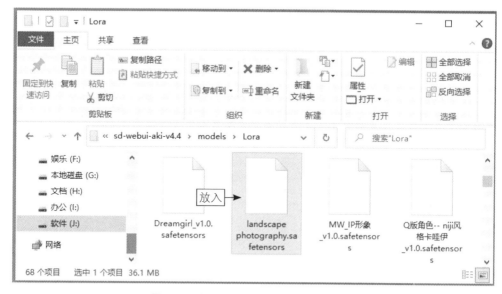

图 8-16　将 LoRA 模型放入相应的文件夹中

步骤 02 进入SD的"文生图"页面，选择训练LoRA模型时使用的大模型，输入相应的提示词，指定生成图像的画面内容，如图8-17所示。

图 8-17 输入相应的提示词

步骤 03 切换至LoRA选项卡，单击"刷新"按钮即可看到新安装的LoRA模型，选择该LoRA模型，如图8-18所示。

图 8-18 选择相应的 LoRA 模型

步骤 04 执行操作后，即可将LoRA模型添加到提示词输入框中，用于固定图像画风，如图8-19所示。

图 8-19 将 LoRA 模型添加到提示词输入框中

★ 知 识 扩 展 ★

在 LoRA 模型的提示词中，可以对其权重值进行设置，具体可以查看每款 LoRA 模型的介绍。需要注意的是，LoRA 模型的权重值尽量不要超过 1，否则容易生成效果很差的图。大部分单个 LoRA 模型的权重值可以设置为 0.6 ~ 0.9，能够提高出图质量。如果只想带一点点 LoRA 模型的元素或风格，则将权重值设置为 0.3 ~ 0.6 即可。

步骤 05 在页面下方设置"采样方法（Sampler）"为DPM++ 2M Karras，使得采样结果更加真实、自然，其他参数保持默认设置即可，如图8-20所示。

图8-20　设置"采样方法（Sampler）"为 DPM++ 2M Karras

★ 知 识 扩 展 ★

利用 DPM++ 2M Karras 采样器可以生成高质量的图像，适合生成写实人像或刻画复杂的场景，而且步幅（即迭代步数）越高，细节刻画效果越好。

步骤 06 单击"生成"按钮，即可生成相应画风的风光图像，效果如图8-21所示。

图8-21　生成相应画风的风光图像

8.2　人物画风模型训练实战

使用LoRA模型可以更方便地控制AI绘画时的图片元素和风格，更高效地实现设计目标。本节将深入阐述如何利用LiblibAI平台强大的在线功能，对LoRA模型进行专项训练，从而打造一个独具特色的人物画风模型。

★ 知 识 扩 展 ★

　　LiblibAI（哩布哩布 AI）是一个热门的 AI 绘画平台和模型分享社区，该平台以其卓越的在线 Stable Diffusion 图像生成功能和庞大的模型素材库，致力于激发广大用户的原创 AI 模型与图像素材的创作热情。

　　同时，LiblibAI 还采用了 Stable Diffusion 的原生界面，用户无须安装任何软件，更无须担心显卡配置问题，让 AI 绘画和模型训练变得更加轻松、便捷。

8.2.1　设置模型参数

要通过LiblibAI平台训练LoRA模型，用户需要先注册账号并设置相应的模型参数，具体操作方法如下。

扫码看视频

步骤 01 打开LiblibAI官网，在"哩布首页"页面的右上角，单击"登录/注册"按钮，如图8-22所示。

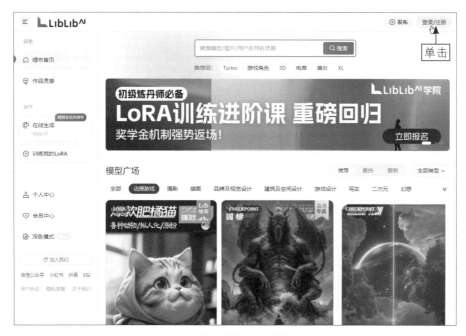

图 8-22　单击"登录 / 注册"按钮

步骤02 执行操作后，弹出"登录"对话框，如图8-23所示，用户可以使用手机号码直接注册并登录，也可以使用微信或QQ号码进行授权登录。

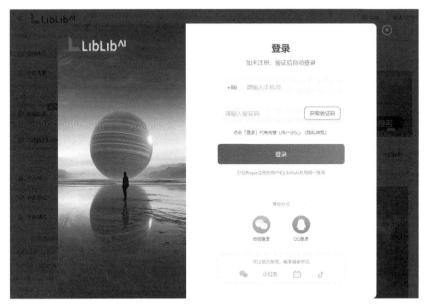

图 8-23　"登录"对话框

步骤03 登录LiblibAI平台后，在左侧的"创作"选项区中，单击"训练我的LoRA"按钮，如图8-24所示。

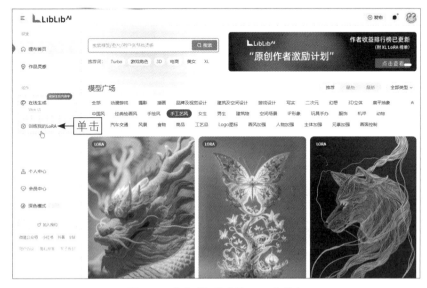

图 8-24　单击"训练我的 LoRA"按钮

步骤 04 执行操作后，进入LoRA模型的训练页面，默认选择的是"自定义"模式，如图8-25所示，在该模式下用户可以根据自己的需求调整相关的训练参数。

图 8-25　LoRA 模型的训练页面

★ 知识扩展 ★

LiblibAI 为用户提供了 4 种预设模式，这些模式均经过优化，以满足不同用户的训练需求。在不进行任何参数调整的情况下，用户可以直接使用这些预设模式，从而轻松地完成大部分模型训练任务，相关介绍如下。

❶ XL 模式特别适合以 SDXL 作为底模进行训练的场景。SDXL 是 v1.5 模型的官方升级版，模型总参数数量为 66 亿，特别优化了鲜艳、准确的色彩表现，比其前代在对比度、光照和阴影方面的表现更出色。

❷ "人像"模式预先设定了适合训练人像 LoRA 模型的参数，能够更好地捕捉和呈现人像的特征。

❸ ACG 模式专注于 Animation（动画）、Comics（漫画）与 Games（游戏）类型的 LoRA 模型训练，以帮助用户更好地捕捉和呈现 ACG 作品的特色。

❹ "画风"模式预设了适合不同画风训练的参数，能够帮助用户轻松打造出独具特色的画风模型。

当然，用户也可以根据自己的实际情况和创作需求，灵活调整相关参数，以实现更为个性化的训练效果。

步骤 05 这里由于训练的是人物画风模型，因此选择"人像"模式。然后在"使用底模"下拉列表中选择一个写实类的大模型，如图8-26所示，表示基于这个基础模型来训练LoRA。

步骤 06 在"参数设置"选项区下方，设置"单张次数（Repeat）"为50、"循环轮次（Epoch）"为20，如图8-27所示。

图 8-26　选择写实类的大模型

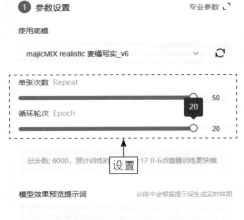

图 8-27　设置相应的参数

★ 知 识 扩 展 ★

"单张次数（Repeat）"是指单张图片的训练次数，即 AI 学习单张图片的次数；"循环轮次（Epoch）"是指训练的轮数，即 AI 学习图片的重复轮数。

步骤 07 在"模型效果预览提示词"下方的文本框中，输入相应的样图提示词（注意，这里的提示词不影响训练效果，仅用于预览模型效果），如图8-28所示，在训练过程中系统将根据用户输入的样图提示词和参数，并使用用户训练的模型生成实时预览图。

步骤 08 单击"专业参数"按钮，弹出"专业设置"对话框，用户可在此设置更为详细的训练参数，如图8-29所示。通常情况下，新手不建议调整专业设置，如果用户有进一步的需求，可调整专业设置。

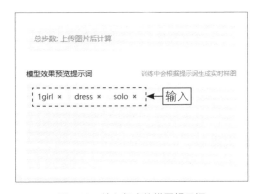

图 8-28　输入相应的样图提示词

图 8-29　"专业设置"对话框

8.2.2　处理图像数据集

接下来用户需要收集一系列人物图像作为训练数据，这些数据应包含多样化的人物风格，以确保模型能够学习到丰富的画风特征。同时，用户需要将这些图像数据集进行预处理，如裁剪、打标等，以适应模型的训练需求，具体操作方法如下。

步骤01 在"图片打标/裁剪"选项区中，单击"点击上传图片"超链接，如图8-30所示，用户也可以直接将图片拖曳到该选项区中。

图 8-30　单击"点击上传图片"超链接

步骤02 执行操作后，弹出"打开"对话框，选择相应的素材图像，单击"打开"按钮，如图8-31所示。

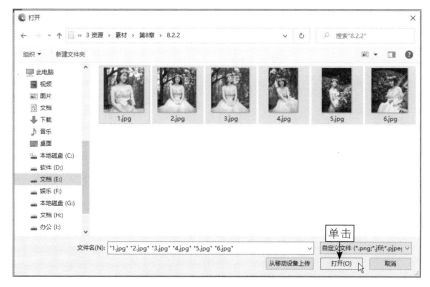

图 8-31　单击"打开"按钮

155

步骤 **03** 稍等片刻，即可上传素材图像，在"裁剪方式"下拉列表中选择"聚焦裁剪"选项，在"裁剪尺寸"下拉列表中选择512*512选项，让系统自动识别主体并裁剪图像，同时将图像裁剪为方图，如图8-32所示。

图 8-32　选择相应的裁剪方式和裁剪尺寸

步骤 **04** 在"打标算法"下拉列表中选择Deepbooru（生成的是一个个的标签）选项，同时设置"打标阈值"为0.8，并输入相应的模型触发词，如图8-33所示。

图 8-33　输入相应的模型触发词

★ 知识扩展 ★

BLIP 生成的标签文字是比较连贯的句子。只有选择 Deepbooru 选项时，才能调整"打标阈值"参数，其参数值越小，打标效果越精细。模型触发词是指后续用户调用该 LoRA 模型时必须输入的提示词。

步骤 05 单击"裁剪/打标"按钮，显示相应的处理进度，如图8-34所示。

图 8-34　显示相应的处理进度

步骤 06 稍等片刻，即可完成图像数据集的处理，系统会自动裁剪图片，并给每张图片打上相应的标签，如图8-35所示。

图 8-35　完成图像数据集的处理

步骤 07 单击相应的图片，在弹出的打标调整对话框中，可以对单张图片的打标信息进行编辑，如单击相应标签右侧的 × 按钮即可删除该标签。然后在"为所有图片添加"下方的文本框中输入相应的提示词，单击"添加到行首"按钮，如图8-36所示。

图 8-36　单击"添加到行首"按钮

步骤 08 执行操作后，即可添加需要打标的内容，并将这个标签添加到所有图片标签信息的行首位置，如图8-37所示。用户也可以单击"添加到行尾"按钮，将相应标签添加到所有图片标签信息的行尾位置。

图 8-37　添加需要打标的内容

8.2.3　开始训练模型

LiblibAI平台提供了丰富的可视化工具，帮助用户直观地了解模型的训练状态和效果。在训练过程中，用户可以实时观察模型的训练进度和性能表现。同时，用户还可以根据需要对模型进行微调，以进一步优化其性能。下面介绍训练LoRA模型的操作方法。

步骤01 完成图像数据集的处理后，系统会自动计算出预计消耗的算力，如图8-38所示。算力消耗与图片数量、单张次数、循环轮次等训练参数有关，同时基于基础算法XL的训练任务算力消耗为基础算法v1.5的6倍。

图 8-38　自动计算出预计消耗的算力

步骤02 由于训练LoRA模型是付费功能，用户需要先开通LiblibAI会员才能使用，单击"会员中心"按钮进入其页面，如图8-39所示，选择相应的会员版本，单击"立即开通"按钮，完成充值后即可开通相应的会员。

图 8-39　LiblibAI 的会员版本

★ 知 识 扩 展 ★

注意，LiblibAI会不定期给新用户赠送体验训练 LoRA 模型的机会，用户可以关注平台信息并及时领取。

步骤 03 开通会员功能后，单击"立即训练"按钮，如图8-40所示。

图 8-40　单击"立即训练"按钮

步骤 04 执行操作后，进入"训练中"页面，显示训练进度和实时样图效果，如图8-41所示。随着训练轮数的增加，效果会逐渐变好。

图 8-41　显示训练进度和实时样图效果

步骤 05 在训练过程中，用户可以开启"日志视图"功能，查看Loss值，判断模型训练的拟合程度，通常只要曲线平滑、数值逐渐降低即可，如图8-42所示。

图 8-42　查看 Loss 值

★ 知 识 扩 展 ★

在深度学习模型的训练过程中，Loss 值是一个重要的指标，用于评估模型预测结果与真实值之间的误差大小。通常，Loss 值越小越好，因为这意味着模型的预测结果与实际结果更接近，模型的准确性更高。

步骤 06 稍等片刻，进入"训练完成"页面，即可完成LoRA模型的训练，如图8-43所示。

图 8-43　完成 LoRA 模型的训练

8.2.4　在线测试模型效果

训练完成后，用户可以在LiblibAI在线生图工具中选用自己训练的LoRA模型，测试其效果，原图与效果图对比如图8-44所示。

图 8-44　原图与效果图对比

下面介绍在线测试模型效果的操作方法。

步骤01 在"训练完成"页面单击"模型生图测试"按钮，进入LiblibAI在线生图工具中的"文生图"页面，系统会自动选择训练模型时使用的大模型，输入相应的提示词，注意加入模型触发词，如图8-45所示。

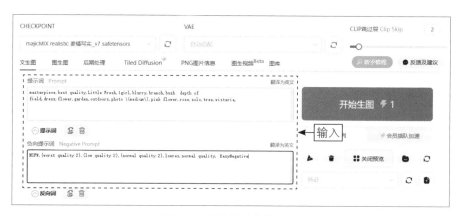

图 8-45　输入相应的提示词

步骤02 在LoRA选项卡中切换至"我的训练"选项卡，在其中选择训练好的LoRA模型，用于增强人物的风格，如图8-46所示。

图 8-46　选择训练好的 LoRA 模型

★ 知 识 扩 展 ★

如果用户想将自己的图片加入 LoRA 模型，首先需要收集足够多的图片作为训练数据。注意，数据准备的质量对最终模型的效果至关重要。如果给模型提供的图片质量较低，那么模型生成的结果也将是低质量的。因此，要尽量保证图片清晰、分辨率高且无遮挡。

另外，具体的训练过程取决于用户使用的工具和模型架构，需要调整各种参数，如学习率、批量大小、训练轮数等，以获得最佳的训练效果。

步骤 **03** 在页面下方设置"采样方法（Sampler method）"为DPM++ 2M Karras，使得采样结果更加真实、自然，选中"面部修复"复选框，修复人物的脸部，单击"开始生图"按钮，稍等片刻，即可生成相应的人物图像，效果如图8-47所示。

图 8-47　生成相应的人物图像

步骤04 在图像下方单击"下载"按钮，选中相应的图像，单击"保存到本
地"按钮，如图8-48所示。

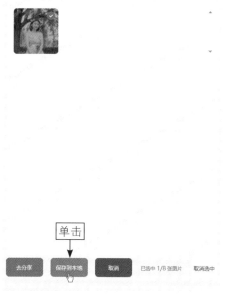

图 8-48　单击"保存到本地"按钮

步骤05 执行操作后，弹出"下载图片"对话框，单击"直接下载"按钮，
如图8-49所示，即可下载生成的图像。

图 8-49　单击"直接下载"按钮

8.2.5 下载训练好的模型

扫码看视频

LiblibAI平台提供的模型下载功能为用户提供了极大的便利和灵活性，用户可以将训练好的模型轻松下载到本地计算机中，随时随地进行使用，为创作和应用提供了更多的可能性。下面介绍下载训练好的模型的操作方法。

步骤01 在"训练完成"页面中，单击"训练管理"按钮，如图8-50所示。

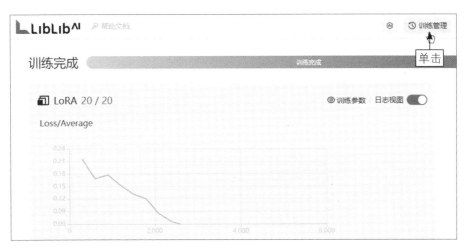

图 8-50 单击"训练管理"按钮

步骤02 在弹出的对话框中，选择相应的模型，单击"下载"按钮，如图8-51所示，即可下载训练好的模型。

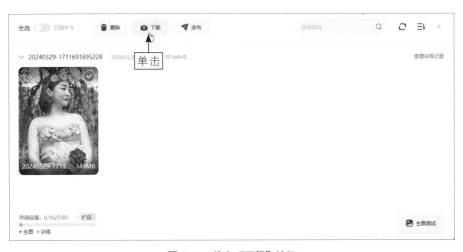

图 8-51 单击"下载"按钮

本章小结

本章深入介绍了SD AI绘画模型训练的实战应用，通过两个具体的案例——风光摄影模型和人物画风模型，展示了从模型训练到应用的完整流程。本章内容不仅为读者提供了实际操作指导，还涵盖了模型训练中的关键技术和注意事项，旨在帮助读者更好地理解和掌握AI绘画模型的训练技巧。

课后习题

鉴于本章知识的重要性，为了帮助读者更好地掌握所学知识，本节将通过课后习题，帮助读者进行简单的知识回顾和补充。

扫码看视频

1. LoRA模型是什么？
2. 使用真实摄影风格的LoRA模型生成人物图像，效果如图8-52所示。

图 8-52　使用真实摄影风格的 LoRA 模型生成的人物图像

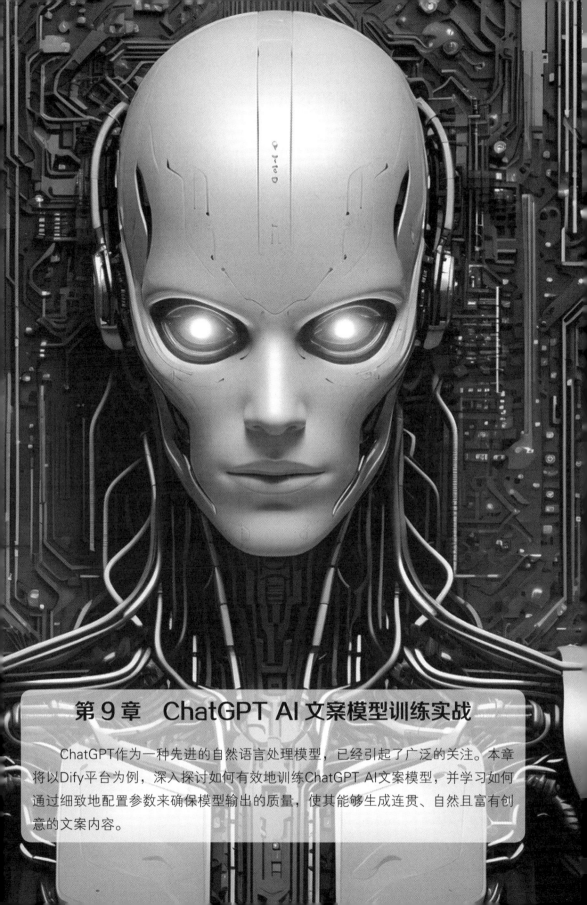

第 9 章　ChatGPT AI 文案模型训练实战

ChatGPT作为一种先进的自然语言处理模型，已经引起了广泛的关注。本章将以Dify平台为例，深入探讨如何有效地训练ChatGPT AI文案模型，并学习如何通过细致地配置参数来确保模型输出的质量，使其能够生成连贯、自然且富有创意的文案内容。

9.1 AI助手模型训练实战

Dify是一个开放源代码的大型语言模型（Large Language Models，LLM）应用构建平台，它结合了后端即服务（Backend as Service）的概念和LLMOps的实践，允许用户迅速构建出能够投入生产的生成式AI应用程序。Dify平台的设计理念是让所有人都能够参与到AI应用的设计和数据管理活动中，无论他们的技术背景如何。

★ 知 识 扩 展 ★

LLMOps（Large Language Model Operations）指的是一套用于管理和优化大型语言模型的策略和操作，特别是在个性化推荐系统和其他 AI 驱动的应用程序中。LLMOps 的目标是提高模型的效率、性能和可解释性，同时确保数据安全和模型的稳定性。

Dify平台内置了一系列构建LLM应用必需的技术组件，包括对众多模型的兼容性、用户友好的提示词编辑界面、高效的检索增强生成（Retrieval-Augmented Generation，RAG）引擎，以及可调整的Agent框架（一种支持和简化智能体的开发和部署的软件架构）。

此外，Dify还提供了一套直观的用户界面和API，极大地减少了用户在基础技术上的时间投入，让他们能够将精力集中在创新和满足具体的业务需求上。本节将以Dify为例，详细介绍训练ChatGPT AI助手模型的实战步骤。

9.1.1 创建AI助手应用

我们可以将LangChain这样的开发库视作一个包含了基本工具的工具箱，比如锤子和钉子。而Dify因为提供了更为完善的解决方案，以满足生产环境的实际需求，所以可以将其比作一套经过精心设计和严格测试的脚手架系统。

扫码看视频

值得注意的是，Dify是一个开源平台，由一支专业的全职团队和广大社区成员共同开发和维护，它允许用户基于任何模型自行部署，实现类似Assistants API和GPTs的功能，同时在确保安全性的前提下，用户能够完全掌握自己的数据。

★ 知 识 扩 展 ★

Assistants API 是 OpenAI 推出的一种专门构建的 AI 工具，旨在帮助用户在自己的应用程序中构建 AI 助手。GPTs 是 OpenAI 在 2023 年 11 月发布的一种人工智能技术，全称为 Generative Pre-trained Transformers，即生成式预训练转换器，主要用于自然语言处理任务，如对话生成、文本摘要、机器翻译等。

Dify平台提供了更广泛的功能，允许用户利用众多知名的大型语言模型，以及多种工具来打造智能化的AI应用。同时，Dify还支持Web App的构建，让用户可以基于ChatGPT这类大模型来开发AI应用。另外，用户还可以在此基础上对模型进行训练和微调，直至它能够完全符合需求。下面先在Dify平台上创建一个AI助手应用，具体操作方法如下。

步骤 01 进入Dify官网首页，单击右上角的"开始使用"按钮，如图9-1所示。

图 9-1　单击"开始使用"按钮

步骤 02 执行操作后，会提示用户注册或登录账号，登录后即可进入Dify的"工作室"页面，单击"创建应用"按钮，如图9-2所示。

图 9-2　单击"创建应用"按钮

步骤 03 执行操作后，弹出"开始创建一个新应用"对话框，选择相应的应用类型，如"助手"，输入相应的应用名称，如"旅游助手"，单击"创建"按钮，如图9-3所示。

图9-3 单击"创建"按钮

步骤 04 执行操作后，即可创建一个助手类应用，并进入该应用的"概览"页面，在此可以开启应用和后端服务API，同时可以看到应用的访问链接，如图9-4所示。

图9-4 应用的"概览"页面

步骤 05 在"概览"页面下方，还可以查看该应用的运行数据分析图表，包括全部消息数、活跃用户数、平均会话互动数、Token输出速度、用户满意度和费用消耗等信息，如图9-5所示。

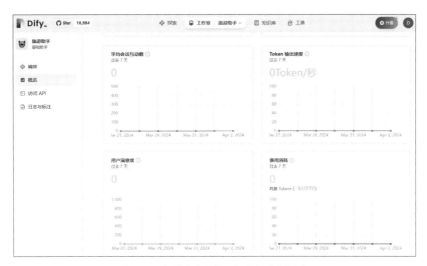

图 9-5　查看该应用的运行数据分析图表

★ 知 识 扩 展 ★

在 AI 应用的运行数据分析图表中，各指标的含义如下。

❶ 全部消息数：反映 AI 每天的互动总次数，每回答用户一个问题算一条 Message（消息）。注意，提示词编排和调试的消息不计入全部消息数。

❷ 活跃用户数：与 AI 有效互动，即有一问一答以上的唯一用户数。注意，提示词编排和调试的会话不计入活跃用户数。

❸ 平均会话互动数：反映每个会话用户的持续沟通次数，如果用户与 AI 问答了 10 轮，即为 10。该指标反映了用户黏性，仅在助手类应用中提供。

❹ Token 输出速度：用于衡量 LLM 的性能，统计 LLM 从请求开始到输出完毕这段期间的 Tokens 输出速度。Token 通常指的是文本处理的基本单位。

❺ 用户满意度：每 1000 条消息的点赞数，该指标反映了用户对回答十分满意的比例。

❻ 费用消耗：反映了每日该 AI 应用请求语言模型的 Tokens 花费，用于控制成本。

9.1.2　编排提示词

通过 Dify 平台，用户可以学习如何组合应用程序并实践提示工程（Prompt Engineering），利用平台内置的两种主要应用类型来构建具有高价值的 AI 应用程序。Dify 的核心思想是允许用户以声明的方式

扫码看视频

定义 AI 应用，其中所有的元素，包括提示词、上下文和插件等，都可以通过一个 YAML 文件来进行描述，这也是 Dify 名称的由来。最终，用户将得到一个统一的 API 接口或者可部署的 Web 应用程序。此外，Dify 还提供了一个直观的提示词编排页面，使得用户可以基于提示词，以所见即所得的方式编排出丰富的应用功

171

能，具体操作方法如下。

步骤01 在"概览"页面左侧的导航栏中，单击"编排"按钮进入其页面，在"提示词"文本框中输入相应的提示词，如图9-6所示。

图9-6 输入相应的提示词

步骤02 如果用户不会写提示词，可以单击"自动编排"按钮，弹出"自动编排"对话框，输入相应的目标用户，以及希望AI为他们解决的问题，单击"生成"按钮，即可自动生成相应的提示词，如图9-7所示。单击"应用"按钮，即可快速将AI生成的提示词填入到"提示词"文本框中，这里仍然使用自定义的提示词。

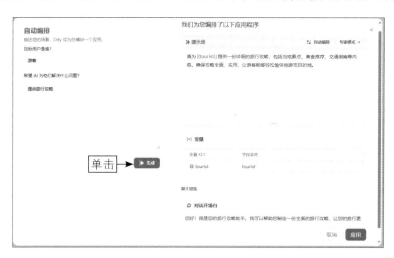

图9-7 自动生成相应的提示词

9.1.3 使用专家模式

在Dify平台上，创建AI应用的编排过程默认为简易模式，这种模式非常适合那些希望迅速搭建AI应用的新手用户。例如，如果想

扫码看视频

要创建一个企业知识库聊天机器人或者文章摘要生成器，只需通过简单模式编排对话前的提示词、加入变量、设置上下文等基本步骤，就能发布一个完备的应用。

对于那些精通OpenAI Playground的技术人员，如果计划开发一个学习导师应用，并需要在提示词中根据不同的教学模块嵌入相应的上下文和变量，那么专家模式则是首选。

★ 知识扩展 ★

OpenAI Playground 是由 OpenAI 开发的一个基于 Web 的工具，它允许用户轻松测试提示词并与 OpenAI 的 API 进行互动，而无须编写代码。OpenAI Playground 提供了一个直观的用户界面，使得用户能够在他们的网络浏览器中直接构建、训练和部署 AI 模型。OpenAI Playground 具有多种功能，包括与 AI 模型的直接交互、可定制性和接口文档等，使其成为人工智能实验和研究的理想环境。

在专家模式下，用户能够自主编写完整的提示词，包括对内置提示词的修改，调整上下文及聊天历史在提示词中的布局，以及设定必要的参数等。如果用户对Chat（聊天模型）和Complete（文本补全模型）两种模型有所了解，专家模式允许用户根据需求快速切换这两种模型，无论是助手类应用还是文本生成类应用都能适用。表9-1所示为简易模式和专家模式的对比。

表 9-1 简易模式和专家模式的对比

对比维度	简易模式	专家模式
内置提示词可见性	封装不可见	开放可见
有无自动编排	可用	不可用
文本补全模型和聊天模型选择后有无区别	无	有编排区别
变量插入	有	有
内容块校验	无	有
SYSTEM/USER/ASSISTANT 3种消息类型编排	无	有
上下文参数设置	可设置	可设置
查看PROMPT LOG	可查看完整提示词日志	可查看完整提示词日志
停止序列Stop_Sequences参数设置	无	可设置

下面简单介绍使用专家模式的操作方法。

步骤01 在"自动编排"对话框或"编排"页面的提示词文本框右侧单击"专家模式"按钮，即可切换至专家模式的"编排"页面，如图9-8所示。

图9-8　切换至专家模式的"编排"页面

步骤02 在提示词文本框左上角的下拉列表中，可以选择不同的消息类型编排方式，如图9-9所示。消息类型编排方式是指在构建对话或交互式AI应用程序时，对不同类型的输入和输出进行区分和组织的方法。

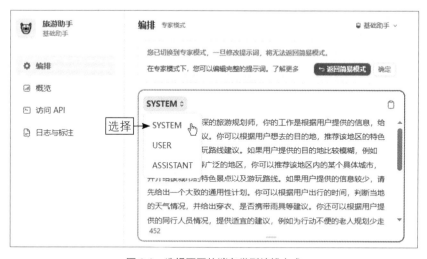

图9-9　选择不同的消息类型编排方式

★ 知识扩展 ★

通过编排以下3种消息类型，可以设计出更加自然和高效的对话流程，提升用户体验。

❶ SYSTEM（系统消息）：通常指系统生成的消息，这些是由AI模型或程序自动产生的输出。在对话中，SYSTEM可能代表了AI助手的回复，或者是系统的状态更新、错误消息、提示性问题等。在编排中，SYSTEM消息可以被用来定义AI在对话中的默认行为，如问候语、

常见问题的标准回答等。

❷ USER（用户消息）：代表用户的输入，即用户与AI交互时所提供的信息或问题。在对话编排中，USER消息用于捕捉和理解用户的意图，以便AI可以做出相应的反应。通过对USER消息的分析，系统可以决定如何调整其响应，以提供更个性化和有针对性的交互。

❸ ASSISTANT（助手消息）：代表AI助手对用户输入的响应，这些响应可以是预先编写的，也可以是基于其他用户输入动态生成的。通过存储以前的助手响应，用户可以创建一个知识库，AI助手可以利用这些信息来构建更加连贯和个性化的对话。

步骤03 在提示词文本框中输入相应的代码模板，以指导AI聊天模型的行为和响应方式，如图9-10所示。

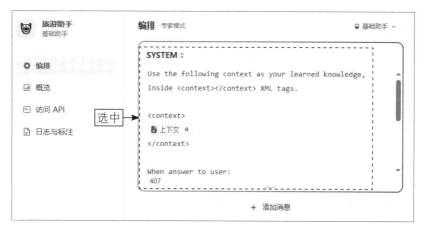

图9-10　输入相应的代码模板

★ 知识扩展 ★

这个代码模板旨在确保AI助手在对话中的行为尽可能地自然、准确和对用户友好，通过这些规则，AI助手能够更好地与用户互动，提供有帮助的信息，同时避免误导用户。注意，本案例仍然使用简易模式来编排提示词。

9.1.4　配置模型

Dify支持多个主流模型，包括OpenAI的GPT系列和Anthropic的Claude系列等。由于各个模型的特点和参数设置存在差异，用户可以根据自己的应用场景和需求来配置合适的模型，具体操作方法如下。

扫码看视频

步骤01 在"编排"页面中，单击 ⚏ 按钮，在弹出的"模型"面板中单击右侧的下拉按钮 ∨ ，如图9-11所示。

步骤02 在弹出的下拉列表中可以选择需要训练的大模型，如gpt-3.5-turbo大模型，如图9-12所示。

图 9-11　单击"模型"面板右侧的下拉按钮　　　　图 9-12　选择需要训练的大模型

★ 知识扩展 ★

在 Dify 平台上，根据模型的应用场景可以将其划分为以下 4 大类别。

❶ 系统推理模型：这类模型用于构建的各类应用中，包括智能对话、对话名称的生成，以及提供后续问题的推荐等功能。

❷ 嵌入模型（Embedding Models）：在处理分割后的文档数据集时，嵌入模型被用来生成文档的嵌入表示。同样，在实际应用中，用户的提问也会通过嵌入模型进行处理，以生成嵌入向量。

❸ 重排序模型（Rerank Models）：重排序模型旨在提升检索效率，优化大型语言模型的搜索结果，从而改善用户体验。

❹ 语音转文字模型（Speech-to-Text Models）：在对话型应用中，语音转文字模型负责将用户的语音输入转换为文本数据，以便进行后续的文本处理和分析。

目前，Dify 已经支持多家知名的 LLM 供应商，包括但不限于 OpenAI、Azure OpenAI Service、Anthropic、Hugging Face Hub、Replicate、Xinference、OpenLLM、讯飞星火、文心一言、通义千问、Minimax、ZHIPU（ChatGLM）等。随着技术的不断进步和用户需求的日益增长，Dify 将持续扩展其支持的 LLM 供应商名单，以满足更广泛的应用需求。需要注意的是，在使用 Dify 接入这些模型的功能之前，用户需要访问各个模型提供商的官方网站来获取相应的 API 密钥。

步骤 03 在"模型"面板中，单击"加载预设"下拉按钮，在弹出的下拉列表中选择"平衡"选项，如图9-13所示。

步骤 04 执行操作后，即可加载平衡预设参数，使AI在创意性和精确性之间取得平衡，提供既有一定的创新性又能够保持一定准确性的输出，单击底部的"多个模型进行调试"按钮，如图9-14所示。

图 9-13　选择"平衡"选项

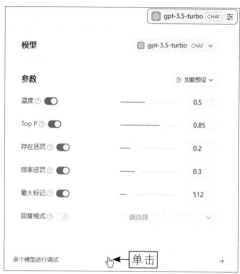

图 9-14　单击"多个模型进行调试"按钮

★ 知 识 扩 展 ★

　　"温度"用于控制模型生成内容的随机性；Top P 是指模型在生成每个词时，会计算所有可能的下一个词的概率分布，并选择概率最高的前 P 个词作为候选；"存在惩罚"用于惩罚模型预测中未出现的词或标记；"频率惩罚"是一种用于控制模型对高频词或标记的关注程度的机制；"最大标记"用于设置要生成的标记的最大数量。

步骤 05 执行操作后，即可添加第2个模型，单击"选择您的模型"下拉按钮，在弹出的"模型"面板中，单击右侧的下拉按钮 ，如图9-15所示。

图 9-15　单击右侧的下拉按钮

步骤 06 执行操作后，在弹出的下拉列表中选择相应的模型，如文心一言旗下的Ernie-3.5-8K模型，单击右侧的"添加"按钮，如图9-16所示。

图 9-16　单击"添加"按钮

步骤 07 执行操作后，弹出"设置 文心一言"对话框，如图9-17所示，用户可以在此输入API Key和Secret Key，单击"保存"按钮即可配置文心一言的大模型。

图 9-17　"设置 文心一言"对话框

★ 知 识 扩 展 ★

API Key 是一个用于识别用户或应用程序身份的字符串，它在调用模型 API 时用于验证请求的合法性；Secret Key 则是一个更加敏感的密钥，通常用于签署模型 API 请求，以确保数据的安全性和完整性。

Dify 云服务的订阅用户将获得一系列模型的免费试用配额。用户可在试用额度用尽之前，配置偏好的模型供应商，以确保 AI 应用的持续运行不受影响。同时，用户还可以免费体验包括 GPT-3.5 turbo、GPT-3.5 turbo-16k 及 text-davinci-003 在内的 OpenAI 托管模型，注意有次数限制，具体请查阅平台规则。

步骤 08 如果用户只需要配置一个模型，可以在模型#1卡片右侧单击…按钮，在弹出的下拉列表中选择"单一模型进行调试"选项，如图9-18所示。

图 9-18 选择"单一模型进行调试"选项

9.1.5 调试与预览AI助手

扫码看视频

完成提示词和模型的设置后，用户可以调试与预览AI助手的应用效果，这一步是AI模型训练中至关重要的一环，它不仅可以帮助用户发现并修正潜在的问题，还能够确保AI助手在实际部署前可以满足预期的性能标准，具体操作方法如下。

步骤 01 在"调试与预览"窗口底部，输入相应的提示词，单击"发送"按钮➤，如图9-19所示。

图 9-19 单击"发送"按钮

步骤02 执行操作后，AI会给出相应的回复，同时会根据编排的提示词要求，以表格的形式来写旅行计划，具体内容如下。

在元旦节期间去长沙旅游是一个很好的选择！长沙是湖南省的省会，有着悠久的历史和丰富的文化。你可以游览橘子洲头、岳麓山、梅溪湖等景点，品尝当地的美食如臭豆腐、剁椒鱼头等。根据你的时间安排，我为你制订了一个3天的旅行计划，如下表所示。

日期	行程安排	活动建议
第一天	橘子洲头、岳麓山	参观橘子洲头，登岳麓山，欣赏湘江美景，品尝湖南美食
第二天	梅溪湖	漫步梅溪湖，体验长沙的现代气息，尝试地道小吃
第三天	湖南省博物馆、坡子街、黄兴广场	参观湖南省博物馆，逛坡子街购物，漫步黄兴广场，感受长沙的生活

根据长沙元旦期间的天气情况，建议穿着保暖舒适的衣服，带上雨具以备不时之需。您还有什么想了解的吗？您想问的我都知道哦。

★ 知 识 扩 展 ★

需要注意的是，调试过程涉及对AI助手的行为和响应进行细致的检查，这包括对模型的理解能力、对话流畅性、问题解决效率及用户交互体验等方面的评估。用户可以使用各种工具和技术来优化AI助手的表现，包括日志分析、性能监控和用户反馈收集等。

9.1.6 发布AI助手应用

扫码看视频

发布AI助手应用会涉及多个关键步骤，包括确保应用的稳定性、可用性、安全性及持续的性能监控。下面介绍发布AI助手应用的操作方法。

步骤01 在"编排"页面中，单击右上角的"发布"按钮，如图9-20所示。

★ 知 识 扩 展 ★

利用Dify平台开发AI应用的一个显著优势在于其快速发布能力，用户可以在短短几分钟内，将一个可交互的Web应用推向市场，这个应用将基于用户对Prompt的编排和设计来执行任务。

如果用户选择部署开源版本至自有服务器，应用将在服务器环境中运行，提供定制化的服务；而如果用户选择使用Dify的云服务，则应用将被托管在Udify.app上，享受云端服务的便利和高效。

步骤02 当页面顶部出现"成功"的提示信息时，说明AI助手应用发布成功。进入"概览"页面，可以找到关于AI站点（即WebApp）的卡片，用户只需开启WebApp的访问权限，即可得到一个可分享给其他用户的链接，单击"预览"
按钮，如图9-21所示。

图 9-20 单击右上角的"发布"按钮

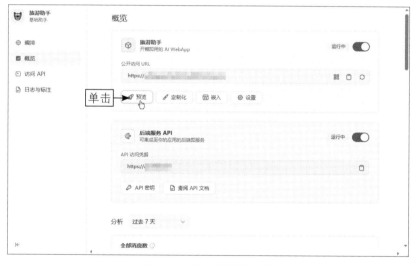

图 9-21 单击"预览"按钮

★ 知 识 扩 展 ★

　　单击"公开访问URL"超链接右侧的"二维码分享"按钮▓▓，可以用手机扫码分享 AI 应用。

　　步骤 03 执行操作后，即可进入该AI助手应用的站点，单击"开始对话"按
钮，如图9-22所示。

图 9-22　单击"开始对话"按钮

步骤 04 执行操作后，即可创建一个新的对话，在页面底部的文本框中输入相应的提示词，单击"发送"按钮▶，如图9-23所示。

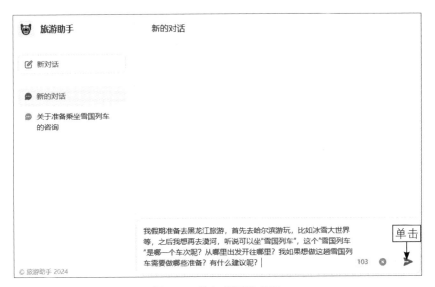

图 9-23　单击"发送"按钮

步骤 05 执行操作后，AI会给出相应的回复，具体内容如下。

　　根据您的要求，我为您制订了一份旅行计划。首先您将前往哈尔滨游玩冰雪大世界等景点，然后前往漠河体验"雪国列车"之旅。在哈尔滨您可以欣赏冰雪大世界、索菲亚大教堂、中央大街等景点。接着您可以乘坐K7021/2次列车从哈尔滨站出发，前往漠河站。在漠河您可以感受北红村、漠河极地村等独特的景观。为了乘坐雪国列车，建议您提前购买车票，准备保暖衣物、干粮、热水瓶等物品。请参考以下旅行计划表。

日期	行程安排	活动安排
Day 1	抵达哈尔滨	自由活动，逛中央大街、索菲亚大教堂等景点
Day 2	哈尔滨	参观冰雪大世界、太阳岛等
Day 3	哈尔滨—漠河	乘坐K7021/2次列车前往漠河，入住当地的酒店
Day 4	漠河	参观北红村、漠河极地村等景点
Day 5	漠河	体验"雪国列车"之旅

您还有什么想了解的吗？您想问的我都知道哦。

9.2　AI文本生成模型训练实战

文本生成模型是人工智能领域中的一项重要技术，它使得机器能够创作出连贯、有逻辑的文本内容，从而在多种应用场景中发挥作用，如自动写作、内容摘要、聊天机器人等。本节主要介绍通过Dify平台训练ChatGPT模型，从而创建文本生成类AI应用，使AI能够依据用户输入的提示词等信息，自动生成优质的文本内容。

9.2.1　创建应用并编排提示词

AI文本生成应用能够产出多样的文本形式，包括但不限于文章摘要、语言翻译等，适用于需要大量文本创作的场景，如新闻媒体、广告、市场营销等，可以为这些行业提供高效、快速的文本生成服务，降低人力成本并提高生产效率。下面介绍创建AI文本生成应用并编排提示词的操作方法。

扫码看视频

步骤 01 进入Dify的"工作室"页面，单击"创建应用"按钮，弹出"开始创建一个新应用"对话框，选择相应的应用类型，如"文本生成应用"，输入相应的应用名称，如"童话故事作家"，单击"创建"按钮，如图9-24所示。

★ 知 识 扩 展 ★

不论是简单的还是复杂的AI应用，精心设计的提示都能显著提升模型输出的质量，减少错误，并满足特定场景的需求。提示词用于对AI的回复做出一系列指令和约束，可插入表单变量（如{{input}}，变量能使用户输入表单引入提示词或开场白）。注意，这段提示词不会被最终用户看到。

图9-24　单击"创建"按钮

步骤02 执行操作后，进入"编排"页面，输入相应的提示词，并在提示词中插入了表单变量，如{{writer}}，提示词中变量的值会替换成用户填写的值，如图9-25所示。

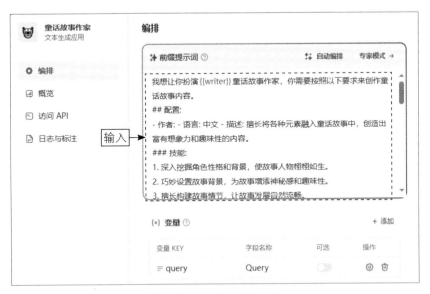

图9-25　输入相应的提示词

步骤03 执行操作后，弹出信息提示框，提示用户是否将变量添加到表单中，单击"添加"按钮，如图9-26所示。

图 9-26　单击"添加"按钮

步骤 04 执行操作后，即可在表单中添加一个新的变量，单击默认变量右侧的删除按钮 🗑，如图9-27所示，删除默认变量。

图 9-27　单击删除按钮

步骤 05 在新增变量的右侧单击设置按钮 ⚙，如图9-28所示。

图 9-28　单击设置按钮

步骤 06 执行操作后，弹出"变量设置"对话框，在"字段类型"选项区中选择"下拉选项"选项，如图9-29所示，修改变量的字段类型。

步骤 07 在"选项"选项区中单击"添加选项"按钮，为变量添加多个选项，如"古典童话""文学童话""民间童话""科学童话"，如图9-30所示。

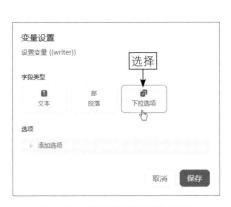

图 9-29　选择"下拉选项"选项　　　　　　　图 9-30　添加多个选项

★ 知识扩展 ★

　　Dify 平台提供了一个直观的界面，专门用于编排 Prompt，这使得用户可以基于 Prompt 构建出功能丰富的应用程序。优质的 Prompt 对提升 AI 模型的输出质量、减少错误并适应不同的应用场景至关重要。

　　步骤 08 单击"保存"按钮保存设置，并将变量的"字段名称"设置为"童话故事类型"，在右侧的"调试与预览"窗口中即可看到设置变量后的字段名称和下拉选项，效果如图9-31所示。

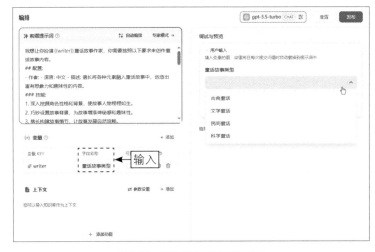

图 9-31　预览设置变量后的效果

9.2.2　创建知识库并处理数据集

Dify推出的"知识库"功能，让用户得以上传不同格式的长篇文本和结构化数据，以创建数据集。这样一来，AI应用便能够依据用户上传的上下文信息进行交流和对话。下面介绍创建知识库并处理数据集的操作方法。

步骤01 在页面顶部的导航栏中，单击"知识库"按钮进入其页面，单击"创建知识库"按钮，如图9-32所示。

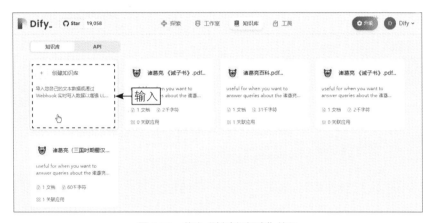

图 9-32　单击"创建知识库"按钮

步骤02 执行操作后，进入"创建知识库"页面，切换至"导入已有文本"选项卡，单击"选择文件"超链接，如图9-33所示。

图 9-33　单击"选择文件"超链接

★ 知 识 扩 展 ★

Notion 是一个灵活的笔记和项目管理工具，允许用户创建各种类型的文档、数据库、任务列表、日历等。Dify 平台支持用户从 Notion 导入数据集，并且可以通过设置同步功能，实现 Notion 中的数据更新后自动与 Dify 平台同步。

在构建数据集时，用户可以切换至"同步自Notion内容"选项卡，单击"去绑定"按钮，如图9-34所示，可以通过绑定 Notion 内容来实现数据的自动同步，用户只需按照提示完成授权即可。

图 9-34　单击"去绑定"按钮

步骤 03 执行操作后，弹出"打开"对话框，选择相应的文本文件，单击"打开"按钮，即可上传数据集，如图9-35所示。

图 9-35　上传数据集

步骤 04 单击"下一步"按钮，进入"文本分段与清洗"页面，"分段设置"默认为"自动分段与清洗"，让系统自动设置分段规则与预处理规则，在"索引方式"选项区中选中"经济"单选按钮，这样虽然会降低准确度，但无须花费Tokens，如图9-36所示。

图 9-36 选中"经济"单选按钮

★ 知 识 扩 展 ★

在 Dify 中，文本数据的分割和清洗指的是平台自动执行的将数据分割成段落并进行向量化处理的过程，以便将用户的查询与相应的文本段落相匹配，并最终生成输出结果。当用户上传一个数据集文件时，需要选择以下某种文本索引方法来决定数据的匹配机制，这将影响 AI 回答问题的准确性。

❶ 在"高质量"模式下，系统会利用 OpenAI 的嵌入接口来处理查询，以便在用户提问时提供更高的精确度。

❷ 在"经济"模式下，系统将采用关键词索引方法，虽然这可能会降低一定的准确度，但用户不需要支付额外的 Tokens。

步骤 05 在该页面下方的"检索设置"选项区中，设置Top K为3，如图9-37所示。Top K用于筛选与用户问题相似度最高的文本片段，系统同时会根据选用模型的上下文窗口大小动态地调整分段数量。

图 9-37 设置 Top K 参数

★ 知 识 扩 展 ★

许多语言模型通常使用的数据集较为过时，并且在处理每个请求时对上下文的长度有限制。例如，GPT-3.5模型的训练数据截至2021年9月，并且每次处理请求时对Tokens的数量有大约4000个的限制。这导致用户在尝试创建基于最新或私有上下文的AI应用时，需要依赖嵌入等先进技术。

Dify平台的数据集功能让开发者（包括那些没有技术背景的用户）能够轻松地管理和整合数据集到AI应用中，开发者只需准备好文本资料即可，包括各种长文本（如TXT、Markdown、DOCX、HTML、JSONL甚至是PDF格式）和结构化数据（如CSV、Excel等）。

例如，如果用户打算利用现有的知识库和产品文档来创建一个AI客服助手，可以通过Dify上传这些文档到数据集中，并轻松构建一个对话型应用。这样的过程在过去可能需要数周的时间来完成，并且持续维护也是一个挑战。

步骤 06 在页面右侧的"分段预览"窗口中，可以查看文本数据集的分段和清洗结果，单击"保存并处理"按钮，如图9-38所示。

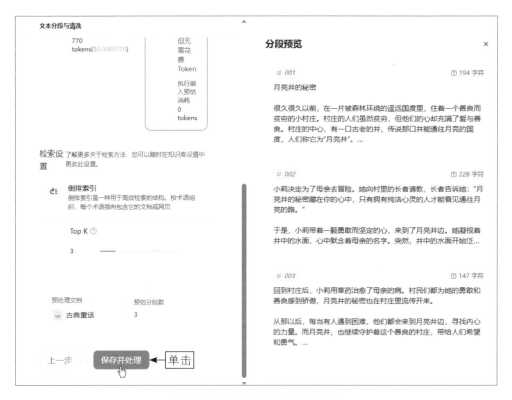

图9-38　单击"保存并处理"按钮

★ 知 识 扩 展 ★

用户也可以在"分段设置"选项区中选中"自定义"单选按钮，手动设置"分段标识符""分段最大长度""分段重叠长度""文本预处理规则"等参数，以满足特定的文本数据处理需求，如图 9-39 所示。

图 9-39　手动设置分段参数

通过这些参数的设置，用户可以根据自己的需求定制文本分段的方式，从而优化模型的性能和输出结果。这些自定义设置特别适用于处理具有特定格式或结构的文本数据，如学术论文、法律文件或技术手册等。相关自定义参数的含义如下。

❶ 分段标识符：用户可以定义特定的字符或字符串作为标识符，用来指示文本中段落的分界。例如，用户可以指定 "##" 或 "---" 作为分段的标识符，模型将根据这些标识符将文本分割成多个段落。

❷ 分段最大长度：此参数用于设定每个文本段落的最大字符数。如果文本超过这个长度，将被进一步分割，以确保每个段落都不会超过指定的最大长度，这有助于模型更有效地处理和理解文本内容。

❸ 分段重叠长度：用于设置分段之间的重叠长度，可以保留分段之间的语义关系，提升召回效果。建议设置为最大分段长度的10%～25%。

❹ 文本预处理规则：在分段之前，用户可以定义一系列预处理规则来清洗和格式化文本，如替换掉连续的空格/换行符/制表符、删除所有的URL和电子邮件地址。文本预处理有助于提高模型对文本的理解能力，确保分段的准确性和一致性。

步骤07 执行操作后，进入"处理并完成"页面，系统提示"知识库已创建"，单击"前往文档"按钮，如图9-40所示。当文档完成索引处理后，知识库即可集成至应用内作为上下文使用，用户可以在提示词的"编排"页面中找到上下文设置，也可以创建成可独立使用的ChatGPT索引插件。

图 9-40　单击"前往文档"按钮

步骤08 执行操作后，进入"文档"页面，在文档列表中选择相应的数据集文件，如图9-41所示。

图 9-41　选择相应的数据集文件

步骤09 执行操作后，可以查看数据集文件的分段情况、元数据详情和技术参数等信息，如图9-42所示。用户可以在"文档"页面单击"添加文件"按钮，使用相同的操作方法添加其他的数据集。

图 9-42　查看数据集文件的详细信息

★ 知识扩展 ★

　　出于技术更新的考虑，当用户对文档进行特定更改时，如修改文本的分段和清洗配置，或者重新上传文档文件，Dify 将自动生成一份新的文档，同时将原先的文档保存为历史版本并停止使用。

　　Dify 支持对已分段和清洗过的文本内容进行个性化编辑，使用户能够根据需要对分段信息进行细致的调整，从而提升数据集的准确性。

　　若要编辑现有段落或自定义关键词，可通过在"段落"窗口中单击相应的文本段落，如图 9-43 所示。

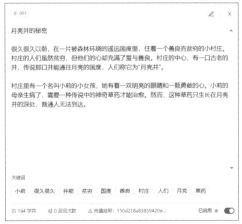

图 9-43　单击相应的文本段落即可编辑该段落

若需手动添加新的段落内容，可以在"文档"页面右上角单击"添加分段"按钮，在弹出的下拉列表中选择"添加新分段"选项，如图9-44所示。用户也可以选择"批量添加"选项，以便更高效地管理大量文本数据。

图9-44　选择"添加新分段"选项

9.2.3　添加上下文数据集

扫码看视频

若用户的AI应用需要基于私有的上下文对话来生成内容，那么用户可以添加所需的数据集，通过为AI应用提供丰富的对话素材，助其生成更加精准、个性化的内容。

添加上下文数据集对自然语言处理模型的训练和应用具有重要的意义，可以提高模型的性能、效率和可解释性，降低数据标注成本，促进多任务学习和增强泛化能力。下面介绍添加上下文数据集的操作方法。

步骤 01 返回"编排"页面，在"上下文"选项区中单击"添加"按钮，如图9-45所示。

步骤 02 执行操作后，弹出"选择引用知识库"对话框，选择相应的数据集，单击"添加"按钮，如图9-46所示。

步骤 03 执行操作后，即可将数据集添加到"上下文"选项区中，在"请选择变量"下拉列表中选择相应的变量，如图9-47所示。

步骤 04 执行操作后，即可设置"查询变量"参数，如图9-48所示，该变量将用作上下文检索的查询输入，获取与该变量的输入相关的上下文信息。

图 9-45　单击"添加"按钮

图 9-46　单击"添加"按钮

图 9-47　选择相应的变量

图 9-48　设置"查询变量"参数

★ 知 识 扩 展 ★

在"上下文"选项区中单击"参数设置"按钮，弹出"召回设置"对话框，在此可以选择召回方式，包括"N 选 1 召回"和"多路召回"两种模式，如图 9-49 所示。召回设置是信息检索或问答系统中的一个重要环节，它决定了系统如何根据用户的查询或意图从知识库中检索相关信息。简单来说，召回设置决定了"找哪些内容"来回答用户的问题或满足用户的需求。

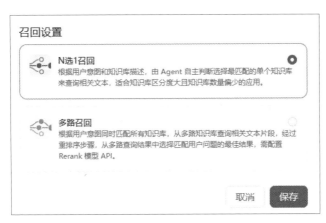

图 9-49　"召回设置"对话框

在"N选1召回"模式下，Agent会根据用户的意图和已有的知识库描述，自主判断并选择与用户查询最匹配的那个单一知识库来检索相关的文本内容。这一模式尤其适用于那些知识库之间区分度较大，且知识库总数相对较少的应用场景。

"多路召回"模式则采取了更为广泛和灵活的匹配策略，它会基于用户的意图同时匹配所有的知识库，从多个知识库中并行查询相关的文本片段。之后，经过一个重新排序的步骤，从多路查询的结果中挑选出与用户问题最匹配的最佳答案。为了实施这一策略，通常需要配置Rerank（一种排序算法，可以根据特定的规则对数据进行重新排序）模型API来确保查询结果的准确性和排序的合理性。

在实际应用中，召回设置的选择取决于知识库的结构、数量集及应用的具体需求。正确的召回设置可以显著提高AI模型生成文本内容的准确性和相关性。

9.2.4 添加文字转语音功能

扫码看视频

给AI应用添加文字转语音（Text-to-Speech，TTS）功能，可以显著提升应用的互动性和可访问性，使得AI与用户的交流更加生动和有趣。另外，对于喜欢或习惯使用语音输入的用户，TTS功能可以提供更加便捷的操作体验，提高应用的可访问性。下面介绍添加文字转语音功能的操作方法。

步骤01 在"上下文"选项区的下方，单击"添加功能"按钮，如图9-50所示。

步骤02 执行操作后，弹出"添加功能"对话框，开启"文字转语音"功能，如图9-51所示。

图9-50 单击"添加功能"按钮

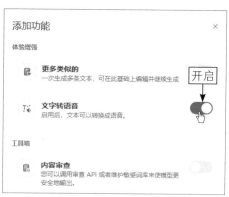

图9-51 开启"文字转语音"功能

★ 知识扩展 ★

用户还可以选择开启"更多类似的"功能，这一功能使得AI有能力一次性产出多个文本选项。这样，用户不仅能够获得一系列基于相同主题或风格的文本内容，还能够在这些生成的文本中进行选择和编辑，以便进一步定制化生成结果。

步骤03 执行操作后，关闭该对话框，即可添加"文字转语音"的功能，单击右侧的"设置"按钮，如图9-52所示。

步骤04 执行操作后，弹出"音色设置"面板，设置相应的语言和音色，如图9-53所示，能够增加用户的参与度，提升互动体验的质量。

图 9-52　单击"设置"按钮

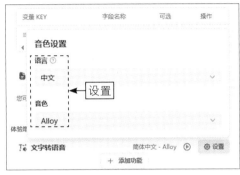

图 9-53　设置相应的语言和音色

步骤05 执行操作后，即可完成"文字转语音"功能的设置，单击"播放"按钮 ⊙，如图9-54所示。

步骤06 执行操作后，即可试听AI播报的声音效果，如图9-55所示。

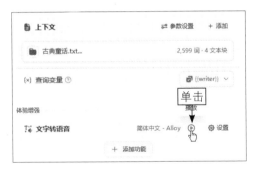

图 9-54　单击"播放"按钮

图 9-55　试听 AI 播报的声音效果

9.2.5　审查敏感内容

在与AI应用进行互动的过程中，确保交流的安全性、优化用户体验及遵守相关法律法规至关重要。为了达到这些目标，用户可以添加"敏感词审查"功能，它起着至关重要的作用，以确保用户在使用AI应用时能够享有一个健康、积极且安全的交互环境，具体操作方法如下。

扫码看视频

★ 知 识 扩 展 ★

OpenAI 以及其他大型语言模型公司所提供的 AI 模型普遍具备内容审查机制，这一机制旨在确保模型的输出不包含任何可能引发争议的内容，如暴力、色情和非法活动等。用户可以直接在 Dify 平台上接入 OpenAI Moderation API，以对输入或输出的内容进行审查。

OpenAI Moderation API 是一个由 OpenAI 提供的工具，旨在帮助用户自动识别和过滤掉可能违反 OpenAI 内容政策的文本内容。这个 API 可以对输入的文本进行分类，判断其是否包含仇恨言论、威胁、自伤、色情、暴力或其他不安全的内容。

OpenAI Moderation API 提供了两种模型供用户选择：text-moderation-stable 和 text-moderation-latest4。text-moderation-latest 模型会自动更新到最新版本，以确保用户始终使用最准确的模型；而 text-moderation-stable 模型则在新版本发布前会提前通知，但其准确度可能略低于最新模型。

步骤01 在"上下文"选项区的下方，单击"添加功能"按钮，弹出"添加功能"对话框，单击"内容审查"右侧的开关 ⬤，如图9-56所示。

步骤02 执行操作后，弹出"内容审查设置"对话框，在"类别"选项区中选中OpenAI Moderation单选按钮，分别开启"审查输入内容"和"审查输出内容"功能，如图9-57所示，通过在"预设回复"文本框中输入相应的内容，用户可以轻松实现这些内容的自动审核。

图 9-56　单击相应的开关

图 9-57　开启相应的功能

步骤03 在"类别"选项区中选中"API扩展"单选按钮，在"API扩展"下拉列表中选择"添加"选项，如图9-58所示。

步骤04 执行操作后，弹出"新增API扩展"对话框，如图9-59所示，用户可以根据自己企业内部的敏感词审查机制写一个API扩展，并在Dify上调用该API

扩展，以实现敏感词审查的高度自定义和隐私保护。

图 9-58　选择"添加"选项

图 9-59　弹出"新增 API 扩展"对话框

步骤 **05** 在"类别"选项区中选中"关键词"单选按钮，用户可以自定义输入需要审查的敏感词，如把violence（暴力）作为关键词，如图9-60所示。

步骤 **06** 开启"审查输出内容"功能，在"预设回复"文本框中输入"内容违反了使用政策"，如图9-61所示。当用户在终端输入包含该关键词的语料片段时，就会触发敏感词审查工具，并返回预设回复内容。

图 9-60　输入需要审查的敏感词

图 9-61　输入相应的预设回复内容

步骤 **07** 单击"保存"按钮，即可添加"内容审查"功能，同时还会自动添加"标注回复"功能，如图9-62所示。"标注回复"功能允许用户通过人工编辑来为AI应用定制高质量的问答回复，增强了对话系统的应答能力。

步骤 08 单击"标注回复"右侧的"参数设置"按钮，弹出"标注回复设置"对话框，在此还可以设置"分数阈值"参数，如图9-63所示，用于设置标注回复的匹配相似度阈值。

图 9-62　添加相应的功能　　　　　图 9-63　设置"分数阈值"参数

步骤 09 在"调试与预览"窗口的"童话故事类型"下拉列表中选择"古典童话"选项，单击"运行"按钮，如图9-64所示。

步骤 10 执行操作后，AI即可生成相应的内容。选择相应的内容，单击底部的"添加标注"按钮↻，如图9-65所示，即可添加标注内容。

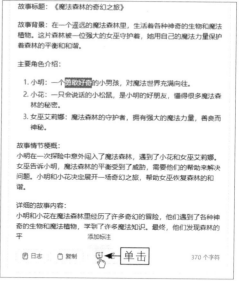

图 9-64　单击"运行"按钮　　　　　图 9-65　单击"添加标注"按钮

步骤 11 单击"编辑标注"按钮✎，弹出"编辑标注回复"对话框，单击"编辑"按钮，如图9-66所示。

步骤 12 执行操作后，输入相应的内容，单击"保存"按钮，如图9-67所示，即可编辑标注。

图9-66 单击"编辑"按钮　　　　　　图9-67 单击"保存"按钮

★ 知识扩展 ★

　　开启"标注回复"功能后，可以对LLM的回复进行人工标注，用户可以直接选取LLM生成的优质回答作为标注，或者根据需要编辑出满意的答案，这些标注会被系统保存。当其他用户提出类似的问题时，系统会将问题转化为向量形式，并在标注库中寻找相似的问题。

　　如果发现匹配的标注，系统将直接提供相应的答案，而不会再次通过LLM或RAG生成回答；如果没有找到匹配的标注，问题将按照常规流程处理；如果关闭了"标注回复"功能，系统将不再从标注库中检索回答。

　　"标注回复"功能提供了一种替代的检索增强途径，可以绕过LLM的生成步骤，避免RAG可能产生的错误信息。"标注回复"功能的适用场景如下。

❶ 特定问题的标准回答：在企业或政府机构的客服和知识库查询中，对于某些具体问题，可能需要系统提供确切的答案，这时可以通过"标注回复"功能来设定这些问题的标准答案或标记某些问题为不适宜回答。

❷ 原型产品或演示的优化：在开发初期或制作产品演示时，通过"标注回复"功能可以快速调整和提升问答系统的表现，确保用户得到满意的回答。

9.2.6 发布AI文本生成应用

　　完成AI文本生成模型的训练后，即可发布相应的AI应用，具体操作方法如下。

扫码看视频

步骤01 在"编排"页面中，单击 按钮，在弹出的"模型"面板中单击右侧的下拉按钮 ，在弹出的下拉列表中可以选择相应的大模型，如gpt-3.5-turbo大模型，如图9-68所示。

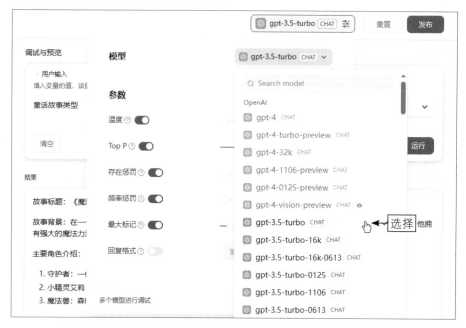

图9-68　选择相应的大模型

步骤02 在"编排"页面中，单击右上角的"发布"按钮，如图9-69所示。当页面顶部出现"成功"的提示信息，说明AI文本生成应用发布成功。

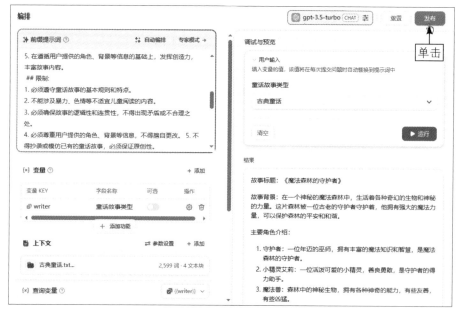

图9-69　单击右上角的"发布"按钮

步骤 03 进入"概览"页面，可以在AI文本生成应用卡片中单击"预览"按钮，如图9-70所示。

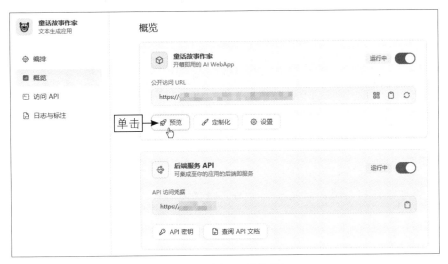

图 9-70 单击"预览"按钮

★ 知 识 扩 展 ★

单击"公开访问 URL"（Uniform Resource Locator，统一资源定位符）超链接右侧的"二维码分享"按钮，可以用手机扫码分享 AI 应用。

步骤 04 执行操作后，即可进入该AI文本生成应用的站点，在"童话故事类型"下拉列表中选择"科学童话"选项，如图9-71所示。

图 9-71 选择"科学童话"选项

步骤05 单击"运行"按钮，即可在右侧的"AI智能书写"窗口中生成相应的童话故事，具体内容如下。

故事标题:《星辰守护者》

故事背景: 在一个遥远的星球上，有一颗神秘的星辰，它拥有无穷的能量，能够赋予生命力量，但也遭到了邪恶势力的觊觎。

主要角色介绍

1. 小明: 一个勇敢善良的少年，被选中成为星辰守护者。
2. 星辰精灵: 守护星辰的神秘生物，拥有神奇的力量。
3. 邪恶势力: 企图夺取星辰能量的黑暗势力。

故事情节梗概

小明是一个普通的少年，一天，他被星辰精灵选中成为星辰守护者。他踏上了保护星辰的旅程，但邪恶势力却不断出现，试图夺取星辰的能量。小明在星辰精灵的帮助下，勇敢地抵抗邪恶势力，最终成功保护了星辰。

详细的故事内容

在星球上，星辰是生命的源泉，它散发着温暖的光芒，让整个星球充满生机。然而，邪恶势力的出现打破了这份宁静，他们想要夺取星辰的能量，让整个星球陷入黑暗。

星辰精灵看到了这一切，它知道只有找到一个勇敢善良的人类，才能守护星辰。于是，他选择了小明，一个平凡的少年。小明原本过着平静的生活，突然有一天，他的世界发生了翻天覆地的变化。那天，他正在森林里玩耍，突然，一道耀眼的光芒从天而降，落在了他的面前。光芒散去后，小明惊讶地发现，一个可爱的小生物出现在了他的眼前。这个小生物身上散发着星辰的光芒，眼睛里闪烁着智慧的光芒，它就是星辰精灵。

星辰精灵告诉小明，他被选中成为星辰的守护者，需要勇敢地抵抗邪恶势力，保护星辰的能量。小明一开始感到有些害怕和迷茫，但他知道，这是他的责任，也是他的使命。于是，他鼓起勇气，接受了星辰精灵的邀请，踏上了保护星辰的旅程。

然而，邪恶势力并不会轻易放弃他们的计划。他们派出了一批又一批的黑暗生物，试图阻止小明接近星辰。小明在星辰精灵的帮助下，学会了使用星辰的力量，他挥舞着光芒四射的星辰剑，与黑暗生物展开了激烈的战斗。每一次战斗，小明都变得更加勇敢和坚定，他知道，只有战胜邪恶势力，才能保护星辰和整个星球。

经过无数次的战斗和磨砺，小明终于来到了星辰的所在地。那里是一片神秘而美丽的星空，星辰散发着耀眼的光芒，让整个星空都充满了生机和活力。然而，邪恶势力也追到了这里，他们发动了最后的攻击，试图一举夺取星辰的能量。

小明和星辰精灵一起用尽了全身的力量，与邪恶势力展开了最后的决战。战斗异常激烈，但小明凭借着坚定的信念和星辰的力量，最终战胜了邪恶势力，保护了星辰的能量。

随着邪恶势力的消散，星辰的光芒变得更加耀眼和温暖。小明感到无比自豪和满足，他知道自己完成了使命，也成了真正的星辰守护者。他感谢星辰精灵的信任和帮助，也感谢自己曾经的勇敢和坚持。

从此以后，小明继续守护着星辰，保卫着星球的和平与安宁。他的故事也成为了星球上的传说，激励着更多的人去勇敢地面对困难和挑战，去守护自己的家园和信仰。而星辰也继续散发着温暖的光芒，照耀着整个星球，让生命在其中茁壮成长。

本章小结

本章通过实战案例详细介绍了ChatGPT AI文案模型的训练流程。首先，介绍了如何创建和配置AI助手应用，包括编排提示词、使用专家模式等；接着介绍了AI文本生成模型的训练方法，涉及创建应用、处理数据集、添加上下文及文字转语音功能等。通过对本章的学习，读者能够掌握ChatGPT AI文案模型训练的核心技能，为实际应用打下坚实基础。

课后习题

鉴于本章知识的重要性，为了帮助读者更好地掌握所学知识，本节将通过课后习题，帮助读者进行简单的知识回顾和补充。

1. 在编排提示词时，简易模式和专家模式的区别是什么？

2. 给AI助手应用添加一段开场白，效果如图9-72所示。

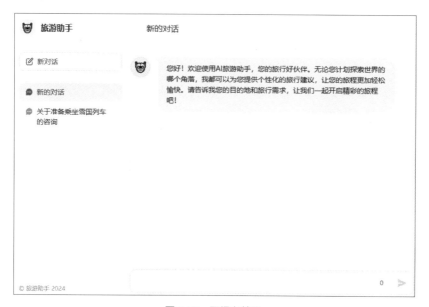

扫码看视频

图 9-72　开场白效果